高等学校计算机基础教育系列教材

大学计算机基础
——基于混合式学习

李瑛 张燕红 王凤芹 杨玫 刘瑜 韩秋枫 吕洁 编著

清华大学出版社

北京

内 容 简 介

本书是基于混合式学习编写的具有航空军事特色的大学计算机基础教程。每章包括学习任务单、本章小结、习题、拓展提高和课外资料等部分。学习任务单主要用于指导课前自主学习。习题部分可扫码看答案，实时评估学习效果。拓展提高部分一般为复杂应用案例，用于提高分析问题和解决问题的能力。课外资料用于扩展知识领域。

本书以计算机技术在航空领域的应用为背景，内容涵盖航空与计算、Python 语言基础、计算思维与问题求解、信息编码与数据的表示、计算机系统、办公信息处理、计算机网络及应用、数据库技术应用基础、计算机发展新技术。

本书是军校一线教员根据多年混合式教学实践经验编写，以培养和提高学员基于计算思维的信息素养为目的，可用于航空兵学习信息技术，也可用于本科生学习大学计算机基础或为广大教员和老师提供混合式教学指导。

图书在版编目（CIP）数据

大学计算机基础：基于混合式学习 / 李瑛等编著.
北京：清华大学出版社，2024.7. --（高等学校计算机基础教育系列教材）. -- ISBN 978-7-302-66895-4

Ⅰ. TP3
中国国家版本馆 CIP 数据核字第 20244HU433 号

责任编辑：白立军
封面设计：刘　键
责任校对：郝美丽
责任印制：沈　露

出版发行：清华大学出版社
　　网　　　址：https://www.tup.com.cn，https://www.wqxuetang.com
　　地　　　址：北京清华大学学研大厦 A 座　　　　　邮　　编：100084
　　社 总 机：010-83470000　　　　　　　　　　　　邮　　购：010-62786544
　　投稿与读者服务：010-62776969，c-service@tup.tsinghua.edu.cn
　　质量反馈：010-62772015，zhiliang@tup.tsinghua.edu.cn
　　课件下载：https://www.tup.com.cn，010-83470236
印 装 者：三河市铭诚印务有限公司
经　　销：全国新华书店
开　　本：185mm×260mm　　　　印　　张：14.75　　　　字　　数：340 千字
版　　次：2024 年 8 月第 1 版　　　　　　　　　　　印　　次：2024 年 8 月第 1 次印刷
定　　价：49.80 元

产品编号：097140-01

信息技术是当今时代每个人生活工作必备的基本技能,应用范围广,涉及领域全。本书以信息技术和计算思维能力为着力点,依托"大学计算机基础"这门大学本科教育公共基础课,在使用计算机、理解计算机系统和计算思维 3 个方面,使学习者在学习 Python 语言基础上,进一步学习掌握信息表示与处理、计算机系统、计算机网络、数据库、多媒体等知识和技能。本书努力实践以学生作为学习的主体,通过引导学生独立地搜索、分析、对比、探索、实践、质疑等来实现学习目标,开启自主学习、主动学习。

1. 根据混合式教学方法,设计学习

随着教育技术的发展,传统学习与网络化学习二者优势相结合的混合式学习,成为课堂教学的主要模式。本书面向学习者,以混合式教学方法设计学习的过程,按照信息表示和信息处理能力这两个主要学习目标,将学习内容从操作技能、算法思维、自动化思维、网络化思维、数据管理思维等方面,共 9 章内容。在设计过程中,教师的引导、启发和监控教学过程的主导作用是不可忽视的,这主要体现在每个学习任务单的设计上,学习任务单中针对各学习单元,明确了学习的目标、学习内容和重难点、学习方式以及目标达成的检测。

混合式学习体现在学习理论、学习方法和学习环境的混合,学习资源的混合更是重要的一个方面。本书计算机知识的介绍不再是详尽的、面面俱到的,而是针对课程需掌握的核心知识、能力和素质提纲挈领、穿针引线式的。在此基础上,推荐给学习者的在线资源,主要是中国大学 MOOC 平台国家一流课程"大学计算机基础"的相关章节,还有南开大学的"Python 编程基础"和常州信息职业技术学院"信息技术基础"部分章节。通过相关拓展学习资料、研讨问题、练习测试题目,使学习者把握学习的重点,完成学习任务单中学习评测内容答题,学习者可以检验学习目标达成情况,助推学习者高阶能力的培养和训练。

2. 借助信息技术应用,服务学习

本书是关于信息技术学习的,同时也在使用信息技术为学习服务。无论是信息技术的专业应用领域,还是教育教学领域,作为当下经济发展、教育变革时代,信息技术的公共工具属性是相同的。本书选取 Python 作为体验计算的语言,通过 Python 的语言结构、运行环境和运行方式,使学习者明白信息被自动处理的过程,利用 Python 既支持面向过程编程也支持面向对象编程的特点,掌握计算机进行问题求解的过程和方法;借助常用办公软件的使用,提升学习者日常处理信息的效率;实训实践、自动测试、雨课堂等多种平台、多种媒体组合的表达阐述,不仅使学生有兴趣接受学习,而且教与学的沟通交流更直接,反馈改善更迅速,使学习者感受到教育模式的变革、学习效率的提升。

本书利用当前教育信息技术，弥补传统教材教育手段的不足，让学习者获得应有的体验感悟，有利于思维的发散，从而提升学习者的感知能力及创新能力，学习不再呆板，教育更有活力。

3. 遵循"三位一体"理念，延续学习

本书的初衷是为军队院校部分航空类专业在校学生提供自主学习的指导和服务，由于军校培养人才的特点，即《中共中央关于全面深化改革若干重大问题的决定》提出的通过健全军队院校教育、部队训练实践、军事职业教育三位一体的新型军事人才培养体系，深化院校教育改革，军事人才的培养跨越了基本知识结构和基本岗位能力素质的学习培训、知识向军事能力的转化生成、军事人才职业特质和专业品质及创新素质的拓展提高等多个阶段，加之信息技术的学习本身具备重复性、开放性、延续性等特征，本书不断充实着与学习者职业发展相关的示例和场景，例如舰载机安全着舰时尾钩挂住拦阻索的次数统计、航空飞行训练成绩管理系统中飞行训练成绩分析与统计等功能的实现。专业岗位特色日益明显，学习者在学习信息技术的同时，感受着职业的荣誉、责任和使命感，在经历职业特质和专业品质拓展提高时，也可以重复、延续着信息技术的学习和训练。本书的宗旨不再单纯停留在在校学习，而是可以走向军事职业教育倡导的职业提升、终身学习。

本书的编者来自经验丰富的大学计算机基础课程教学团队，2014 年起就借助MOOC、SPOC 等在线资源对传统课堂进行教学改革，近年来接续开展了基于智慧课堂的多种教学模式的改革实践，取得了一系列的教学改革成效，荣获过本单位优秀教学团队。编者热爱教学，了解学生，本书的呈现是编者在课堂教学一线深耕细作的部分结晶。李瑛确定了本书混合式学习指导的理念，将近年来混合式教学实践经验做法设计到本书的各章节结构；王凤芹设计了学习任务单、航空军事应用案例，并负责第 1 章的编写；张燕红负责第 2 章、第 3 章和第 8 章的编写；杨玫负责第 4 章和第 5 章硬件部分的编写；吕洁负责第 6 章的编写；刘瑜负责第 7 章的编写；韩秋枫负责第 5 章软件部分和第 9 章的编写。不足之处敬请各位同行指正。

李　瑛

2024 年 4 月于烟台

目录

第 1 章 航空与计算

航空技术是人类在认识自然、改造自然的过程中发展最迅速、对人类社会生活影响最大的科学技术之一,而计算机技术为航空技术的发展提供了强有力的支撑。本章首先回顾航空技术的发展历程,描述计算机技术在其发展过程中发挥的重要作用;然后阐述计算与算法的相关概念,计算装置的发展历程;最后介绍计算机信息安全相关内容。

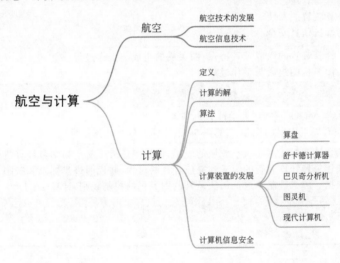

学习任务单

1.1　航空技术的发展

远古时期，人类就渴望像鸟一样在空中自由飞翔。中国古代有许多与"飞"有关的神话传说，如"嫦娥奔月"。敦煌壁画上的"飞天图"也充分表现了古人的飞天梦想。唐代诗人韩愈诗云："我愿生两翼，捕逐出八荒。"宋代苏轼也写道："我欲乘飞车，东访赤松子，蓬莱不可到，若水三万里。"在航空方面，中国古人也有很多走在世界前列的重要发明，如风筝、火箭、孔明灯等，到明朝，曾有人创造了"竹蜻蜓"，这是直升机的雏形。

欧洲国家有关飞行的记载要比中国晚得多。1505 年，莱昂纳多·达·芬奇撰写了《论鸟的飞行》一文，根据鸟的飞行原理，达·芬奇设计了飞行器的 200 多幅草图。1783 年，法国的蒙哥尔兄弟在巴黎成功完成了载人热气球试验。1900 年，德国的齐伯林以铝为构件的硬式飞艇试验成功。1901 年,由齐伯林创建的 DELAG 公司开展飞艇旅游观光业务,每次平均携带 20～24 位乘客。

1903 年,美国莱特兄弟制作的世界第一架有动力、可操纵、重于空气的载人飞行器试飞成功,标志着具有空中持续动力的载人飞机的诞生。1907 年,法国路易斯·布莱里奥驾驶自制的单翼机首次完成 40km 的越野飞行。1910 年,中国飞机设计师和飞行家冯如制造双翼飞机成功,法国人亨利·法布尔设计的浮筒式水上飞机首次试飞成功。

从 1909 年起,世界各国政府纷纷开始发展飞机在军事方面的用途。1911 年,装有 420 马力发动机的齐伯林七号被用于第一次世界大战,1913 年,俄国 H. N. 西科尔斯基设计的 4 发动机大型飞机在第一次世界大战中被用作重型轰炸机。在 19 世纪 20～30 年代,飞机完成了从双翼机到张臂式单翼机、从木布结构到全金属结构,从敞开式座舱到密闭式座舱,从固定式起落架到收放式起落架的过渡,飞机的升限、速度提高了 2～4 倍,而发动机功率则提高了 5 倍,航空工业逐渐成为独立的产业部门。第二次世界大战引起了航空工业的第二次大发展,参战飞机数量剧增,性能迅速提高。飞机气动外形的改进、燃气涡轮发动机和机载雷达的应用,改变了飞机的面貌。战后喷气技术迅速发展,军用飞机广泛采用喷气发动机。随着超音速空气动力学、结构力学和材料科学的进展,飞机突破了"音障"和"热障",飞行速度达到 2～3 倍音速,进入了超音速飞行时代。直升机也得到发展和广泛应用。

1946 年,在飞机的导航系统、武器瞄准和轰炸投放装置中,开始使用模拟计算机,这大大促进了飞机导航系统和武器系统的发展。同年,第一台电子数字计算机在美国宾夕法尼亚大学摩尔学院诞生,相对于模拟计算机,电子计算机运算速度快、存储能力强、适应能力强,航空领域开始研究在飞机上设置电子数字计算机。1952 年,截击机上开始装备电子数字计算机,用来控制飞机的自动定向、导航、实施攻击和自动投放武器等,标志着第一代机载电子数字计算机的应用。随着微型芯片和中大规模集成电路的发展,电子数字计算机的运算速度和可靠性显著提高,而成本、体积、重量和功耗都大大降低,机载数字计算机逐步取代模拟计算机。

20 世纪 50 年代,电子数字计算机主要用于导航系统、火控系统、飞行控制和显示方面,到了 20 世纪 60 年代,又应用到大气数据处理、系统监控和自检方面,到了 20 世纪 70 年代,又推广到雷达、电子对抗、通信、飞行控制、显示和输入输出交互方面,应用范围越来越广泛,这些机载计算机分布在机身各个部位,通过机载网络紧密相连形成各种机载系统,提高了飞机飞行安全性、可靠性和稳定性等飞行性能。同时,飞机的制造技术从传统手工为主的制造方式向以计算机技术为主的数字化制造方式演变。利用计算机辅助设计和辅助制造技术设计制作飞机的数字样机,大大加速了飞机的研制进度,降低了飞机的制造成本。利用计算机技术和信息技术,促成了航空技术领域的主动控制系统、超视距多目标攻击火控系统、航空电子综合系统和平视显示/武器瞄准计算系统等机载信息系统的发展。

未来航空将向智能化、远程化、无人化等方向发展。借助人工智能技术、虚拟现实技术与航空飞行技术相结合开发的飞行模拟器,通过收集和分析飞行训练数据,设置不同变量因素,模拟飞行场景以及体感变化,根据学员的表现及习惯创建个性化的训练模式,还可设置不同的环境变量和突发事件变量,考验飞行员的随机应变能力以及危机处理能力,为日后飞行提供宝贵实操经验。

计算机系统是通用的、计算能力强大的工具，在社会生活的各方面都有广泛的应用。理解计算的相关概念，了解计算工具的发展、现状和趋势，对于深入有效地使用计算机，掌握信息技术，具有重要的意义。

1.2　航空信息技术

信息技术(Information Technology，IT)的定义因其使用目的、范围、层次的不同有不同的表述，例如，信息技术是指在计算机和通信技术支持下用以获取、加工、存储、变换、显示和传输文字、数值、图像以及声音信息，包括提供设备和提供信息服务两大方面的方法与设备的总称；信息技术是人类在生产斗争和科学实验中认识自然和改造自然过程中所积累起来的获取信息、传递信息、存储信息、处理信息以及使信息标准化的经验、知识、技能和体现这些经验、知识、技能的劳动资料有目的的结合过程。信息技术包括信息传递过程中的各个方面，即信息的产生、收集、交换、存储、传输、显示、识别、提取、控制、加工和利用等技术。简言之，信息技术是指用于管理和处理信息所采用的各种技术的总称。

随着信息技术的飞速发展，其应用领域越来越广泛，渗透到整个社会、经济和人们生活的方方面面。信息技术在航空领域的作用日益凸显。例如，飞机上都装有大量传感器，借助这些传感器收集的飞行数据可以为航空设备的维修和健康管理提供数据决策支持。航空飞行器从起飞、爬升、巡航、下降到着陆全过程，都需要实时感知、采集与处理飞行器各设备的各种状态信息，以实现对飞行器的控制；航空飞行器飞行过程中需要与地面指挥中心进行实时信息交互，以保证飞行安全；根据各传感器上传的数据快速进行分析，实时识别和报告潜在故障，并创建更智能的维修计划；航空飞行器从生成制造、使用维护到报废全寿命周期数据信息都需要采集与维护，以保证设备的最大利用率。

1.3　计算与算法

计算机系统是通用的、计算能力强大的工具，也是航空信息技术的载体，在社会生活的各方面都有广泛的应用。理解计算的相关概念，了解计算工具的发展、现状和趋势，对于深入有效地使用计算机，掌握航空信息技术，具有重要的意义。

1.3.1　计算

计算是在某计算装置上，根据已知条件，从某一个初始点开始，在完成一组良好定义的操作序列后，得到预期结果的过程。

需注意：

(1) 计算的过程可由人或某种计算装置执行。

(2) 同一个计算可由不同的技术实现。

1.3.2　计算的解

对某个问题,如果能通过定义一组操作序列,按照该操作序列行为能得到该问题的解,则称该问题存在计算的解。随着计算机运算速度的不断提高,能通过计算解决的问题越来越多、问题规模也越来越大,越来越多的问题被证明存在计算的解。

1.3.3　算法

为解决一个问题而采取的方法和步骤,称为"算法"。它是求解问题类的、机械的、统一的方法,它由有限步骤组成,对于问题类中的每个给定的具体问题,机械地执行这些步骤就可以得到问题的解答。通常使用顺序结构、选择结构和循环结构 3 种控制结构来组织算法中的动作。

算法具有 5 大特征。

(1)输入。一个算法必须有零或零个以上输入量,用于描述要解决的问题。

(2)输出。一个算法应有一个或一个以上输出量,输出量是算法计算的结果。

(3)明确性。算法的每个步骤都必须精确地定义,拟执行动作的每一步都必须严格地、无歧义地描述清楚,以保证算法的实际执行结果精确地符合要求或期望。

(4)有限性。算法在有限步骤内必须终止。

(5)有效性。又称可行性或能行性,是指算法从它的初始数据出发,能够得到问题的正确解。

1.4　计算装置的发展

计算机是人类在劳动中创造的新一代生产工具。从原始的结绳记事、手动计算、机械式计算到电动计算,计算装置的发展经历了漫长的过程。现代电子计算机的出现,才使计算装置有了飞速的发展。计算装置的发展不仅得益于组成计算装置的元器件技术的发展,而且得益于人们对计算本质认识的提高。

1.4.1　算盘

汉代有使用算盘的记载,宋代开始广泛使用,算盘如图 1.1 所示。

1. 特点

(1)有表示数值的一套符号系统。

(2)存在高效的运算法则——加减乘除口诀。

(3)短期记忆——暂存操作数和结果。

图 1.1　算盘

（4）手工操作。

2. 进步标志

（1）辅助计算，加快计算速度。

（2）节省了纸墨资源。

3. 缺陷

（1）需要手工操作。

（2）短期记忆。

1.4.2 舒卡德计算器

舒卡德计算器是第一台机械计算器，由威尔海姆·舒卡德（Wilhelm Schickard）在1623年制造，其改变了完全依赖手工进行计算的状态。构成部件包括置数装置、寄存装置、选择装置、进位装置、控制装置、清除装置。重构的舒卡德计算器如图1.2所示。

图 1.2　重构的舒卡德计算器

1. 特点

（1）以某种机械的方式保存参加运算的数及结果。

（2）用齿轮作为自动运算的装置。

（3）运算法则固化在机械中，以机械运动实现运算。

2. 进步标志

实现了计算的机械化。

3. 缺陷

运算法则固化在机械中。

1.4.3 巴贝奇分析机

1830年，英国查尔斯·巴贝奇设计了第一台具有现代意义的计算机器——巴贝奇分析机。分析机有3个主要部件：齿轮存储器、运算装置和控制装置。重构的巴贝奇分析机如图 1.3 所示。

1. 特点

（1）利用穿孔卡片控制机器的计算过程，包括操作顺序、输入和输出等过程。

（2）引入程序控制的思想。程序的控制结构包括顺序、选择和循环 3 种基本结构。

（3）引入程序设计的思想。奥古斯特·艾达·劳莉斯为分析机编写了一个程序，用来计算 Bernoulli 数序列。这是世界上为机器编写的第一个程序。

图 1.3　重构的巴贝奇分析机

2. 进步标志

巴贝奇设计了第一台具有现代意义的计算机器，他提出的程序控制思想和程序设计思想渗透于现代计算机技术中。

1.4.4　图灵机

1936 年，图灵在其论文《论可计算数以及在确定性问题上的应用》中，描述了一类计算装置——图灵机。图灵机是一个通用的抽象计算模型，现代计算机的计算能力与图灵机等价。美国计算机学会于 1966 年设立了图灵奖，每年颁发一次，表彰在计算机领域取得突出成就的科学家。

1. 图灵机的组成

图灵机由一条无限长的纸带、一个读写头、一个控制器、一个状态寄存器构成，如图 1.4 所示。一条两头可无限延伸的纸带：纸带划分为一个个的小方格，方格中可包含符号集中的任意符号，也可为空。

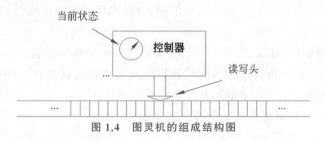

图 1.4　图灵机的组成结构图

一个读写头：任何时刻，读写头都扫描纸带上的某个方格。读写头可执行的动作为：向左或向右移到相邻方格；读出当前方格中的符号；向当前方格中写入一个符号。

一个控制器：依照规则控制图灵机的执行。

一个状态寄存器：保存图灵机当前所处的状态。

2. 图灵机的运行机制

表 1.1 是一位二进制不进位加法运算的图灵机的控制规则，第一行表示读写头扫描到当前纸带格里的符号，允许出现的符号有 5 种：0、1、+、=、空格。第一列为该图灵机的状态 $s_0 \sim s_9$。以第二行第二列单元格为例，其含义是：若当前状态为 s_0，读写头扫描到

纸带格内的符号为 0 时,读写头将向右移动一个格子(R),并将图灵机状态转到 s_1 状态。图 1.5 初始状态时纸带上的符号从左至右为 0、+、1、=、空格,此时读写头在符号 0 所在的格子,状态为 s_0。根据表 1.1 图灵机的控制规则,将采取第二行第二列单元格中的动作 R,即读写头右移 1 个格子,并转到状态 s_1。依次继续运行下去,将达到图 1.5 中的终止状态,停止计算,将当前读写头扫描到的 1 作为结果,即完成了 0+1=1 的计算。

初始状态　　　　　　终止状态

图 1.5　图灵机举例

表 1.1　一位二进制不进位加法运算的图灵机的控制规则

图灵机的状态	0	1	+	=	
s_0	R,s_1	R,s_7			
s_1			R,s_2		
s_2	R,s_3	R,s_4			
s_3				R,s_5	
s_4				R,s_6	
s_5	0,s_9	0,s_9	0,s_9	0,s_9	0,s_9
s_6	1,s_9	1,s_9	1,s_9	1,s_9	1,s_9
s_7			R,s_8		
s_8	R,s_4	R,s_3			
s_9					

例 1-1

例 1-1　一位二进制不进位加法运算的图灵机,实现的加法规则为:
$$0+0=0 \qquad 0+1=1 \qquad 1+0=1 \qquad 1+1=0$$
按照表 1.1 控制规则,以计算 0+1=1 为例,解释图灵机的运行机制。

只要变换规则,图灵机可以完成现代计算机能完成的任何动作。图灵机是理想计算机的数学模型,从理论上奠定了通用计算机存在的可能性。

注意:图灵机的控制规则是一个有限状态机。

有限状态机是一个五元组 $M=(Q,\Sigma,\delta,q_0,F)$,其中:

$Q=\{q_0,q_1,\cdots,q_n\}$ 是有限状态集合。在任一确定的时刻,有限状态机只能处于一个确定的状态 q_i。

$\Sigma=\{\sigma_1,\sigma_2,\cdots,\sigma_m\}$ 是有限输入字符集合。在任一确定的时刻,有限状态机只能接收一个确定的输入 σ_j。

$\delta: Q \times \Sigma \to Q$ 是状态转移函数。在某一状态下,给定输入后有限状态机将转入状态迁移函数决定的一个新状态。

$q_0 \in Q$ 是初始状态,有限状态机由此状态开始接收输入。

$F \subseteq Q$ 是终结状态集合,有限状态机在达到终结状态后不再接收输入。

1.4.5　现代计算机

1. 第一台电子数字计算机和冯·诺依曼体系结构

1946 年,第一台电子数字计算机诞生在美国的宾夕法尼亚大学摩尔学院,它的名称是电子数字积分器和计算机(Electronic Numerical Integrator And Computer,ENIAC)。来源于美国军方资助的研制项目,用于炮弹轨迹的计算。所用元器件使用了 17 468 个电子管、70 000 个电阻器、10 000 个电容器和 1500 个继电器。占地 167m^2,重约 30t,工作耗电 160kW。速度为每秒 5000 次加法、357 次乘法或 38 次除法。

ENIAC 的主要缺陷是,重新编制程序非常困难,改变计算程序往往要花费技术人员数周,且仅有 20 个数的存储容量,不适合计算量较大的问题。

冯·诺依曼一直关注计算机设备的研发情况。1945 年 6 月,冯·诺依曼在一份报告中正式提出了存储程序的原理,论述了存储程序计算机的基本概念,在逻辑上完整描述了新机器的结构,这就是冯·诺依曼体系结构。冯·诺依曼体系结构有如下特点。

(1) 程序指令和数据都用二进制形式表示。

(2) 程序指令和数据共同存储在存储器中。

(3) 自动化和序列化执行程序指令。

这种体系结构使得根据中间结果的值改变计算过程成为可能,从而保证机器工作的完全自动化。冯·诺依曼体系结构思想对计算机技术的发展产生了深远影响。70 多年来,现代计算机的结构没有超出存储程序式体系结构的范畴。

2. 微型计算机

1975 年,微型仪器遥测系统公司阿尔塔设计制造了阿尔塔(Altair)8800 计算机,采用 8080 芯片,包括一个机箱、一个中央处理器和一个 256 字节的存储器,没有终端,没有键盘,功能十分简单,只能运行一个小游戏程序,但它的出现标志着微型计算机的诞生。

微型计算机的出现,使现代信息处理装置从科学殿堂进入寻常百姓家;标志着使用计算机已经成为一种文化、一种生活方式。

3. 计算机网络

计算机网络是计算机技术与通信技术相结合的产物。现在广泛使用的 Internet 最早雏形是阿帕网(ARPAnet)。它是由美国国防部高级研究计划局(Defense Advanced Research Projects Agency,DARPA)资助的,于 1969 年研制成功。E-mail、FTP、Telnet 和 Web、论坛、博客是 Internet 上流行的应用。

计算机网络,特别是 Internet,形成了一个巨大的信息处理系统。它有如下特点。

(1) 资源和信息共享,并由资源共享达到知识共享和服务共享。

(2) 比独立计算机更强壮。

(3) 相对于独立的计算机,网络的信息处理性能有极大的提高。

4. 计算机发展的 4 个阶段

从硬件角度来看,计算机经历了 4 个发展阶段。

第一代电子管计算机(1946—1958 年):用电子管作为逻辑元件,内存采用磁芯,外存采用磁带,运算速度为每秒数千次到数万次。

第二代晶体管计算机(1959—1964年):用晶体管代替了电子管,内存为磁芯,外存为磁盘,运算速度为每秒几十万次至几百万次。

第三代集成电路计算机(1965—1971年):用中小规模集成电路取代了分立的晶体管元件,内存为半导体存储器,外存为大容量磁盘,运算速度为每秒几百万次至几千万次。

第四代大规模集成电路计算机(1972年至今):采用大规模和超大规模集成电路作为主要元件,内存为高集成度的半导体,外存有磁盘、光盘等,运算速度为每秒几亿次至上万亿次。

5. 计算机的发展趋势

可以用"四化"来概括计算机的发展趋势,即巨型化、微型化、网络化、智能化。未来将出现量子计算机、分子计算机、光计算机等。

1)巨型化

计算机的运算速度不断提高和存储容量不断增大。超级计算机为巨型化发展的典型代表。"天河一号"为千万亿次超级计算机,"天河二号"峰值性能为每秒5.49亿亿次,"天河三号"为新一代百亿亿次超级计算机。

2)微型化

计算机体积变小,计算机不再是单一的计算机器,而是一种信息机器,一种个人的信息机器,如平板计算机、智能手机等。

3)网络化

计算机网络从局域网到城域网、广域网和Internet,连接的计算机设备越来越多,覆盖的范围越来越广,承载的资源越来越丰富,其影响越来越大。

4)智能化

智能化是指应用人工智能技术,使计算机系统能够更高效地处理问题,能够为人类做更多的事情。人工智能技术促进了计算学科其他技术的发展,使计算机系统功能更强大,处理效率更高。

1.5　计算机信息安全

信息安全是信息化时代面临的日益严峻的挑战。

1. 信息安全

信息安全包括数据安全和信息系统安全两方面。数据安全指数据的机密性、完整性和可用性;信息系统安全指信息基础设施安全、信息资源安全和信息管理安全。信息安全防护措施包括技术上的、管理上的和法律上的。

2. 计算机犯罪

计算机犯罪是指利用计算机技术实施犯罪的行为。常见形式有利用计算机技术制作、传播淫秽信息、窃取机密信息、知识产权信息和隐私信息,盗窃钱财,利用黑客软件和计算机病毒程序攻击计算机系统等。

1.6　本 章 小 结

　　本章介绍了计算和算法的相关概念,简述了机械式计算装置的发展历程,介绍了图灵机的工作原理,介绍了现代计算机的发展、计算机技术在航空领域的应用,以及计算机信息安全等内容。

习 　 题 　 1

　　1.(单选题)用计算机无法解决"打印所有偶数"的问题,其原因是解决该问题的算法违背了算法特征中的(　　)。

　　A. 有穷性　　　　　　　　　　　B. 确定性

　　C. 有输出　　　　　　　　　　　D. 有 0 个或多个输入

　　2.(单选题)世界上公认的第一台电子计算机诞生在(　　)。

　　A. 中国　　　　　B. 美国　　　　　C. 英国　　　　　D. 日本

　　3.(单选题)图 1.6 的功能是(　　)。

　　A. 输出 1～5 的和

　　B. 输出 1～4 的和

　　C. 输出 0、1、2、3、4

　　D. 输出 0、1、2、3、4、5

　　4.(多选题)如果要创造一种工具来实现 28 与 35 的加法运算,你认为有哪些关键的环节需要实现呢?(　　)

　　A. 要记录 28 和 35 两个参与运算的数

　　B. 要能展示竖式

　　C. 要实现"逢十进一"的加法规则

　　D. 要用十进制计算

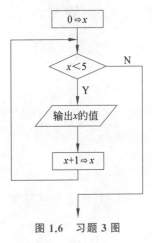

图 1.6　习题 3 图

　　5.(单选题)一般情况下,划分计算机 4 个发展阶段的主要依据是(　　)。

　　A. 计算机所跨越的年限长短　　　　B. 计算机所采用的基本元器件

　　C. 计算机的处理速度　　　　　　　D. 计算机用途的变化

　　6.(多选题)以下有关"计算自动化"的说法正确的是(　　)。

　　A. 算盘记录了计算过程中产生的数据,但计算步骤是由人来完成的,没有实现自动计算

　　B. 要实现计算自动化,必须把原始数据和计算步骤预先存放在机器内

　　C. 计算自动化的本质是"计算程序化"

　　D. "可编程"是计算自动化向通用化发展的关键

7.（单选题）如下描述的图灵机完成的功能是（　　　）。

如果读出的当前符号为0～9，则读写头右移一位，重复；

如果读到空格，则写入符号0，停机。

　　A.任意自然数*10　　　　　　　　　　　B.任意自然数－1

　　C.任意自然数+1　　　　　　　　　　　D.任意自然数*2

8.（单选题）下面以算法形式描述了图灵机的控制器，读写头的初始位置在纸带的最左端，输入对应的输出结果为（　　　）。

```
If read 1, write 0, go right, repeat.
If read 0, write 1, go right, repeat.
If read  空格, write 1, HALT!
```

输入：

1	1	1	0	1		1	1

　　A.0 0 0 1 0 0 0 1　　　　　　　　　　B.0 0 0 1 0 1 1 1

　　C.0 0 0 0 0 1 1 1　　　　　　　　　　D.0 0 0 0 0 0 0 1

9.（单选题）图灵机模型中的纸带相当于计算机中的（　　　）。

　　A.存储器　　　　　B.中央处理器　　　　　C.总线　　　　　D.接口

10.（单选题）图灵机模型中的控制器相当于计算机中的（　　　）。

　　A.存储器　　　　　B.中央处理器　　　　　C.总线　　　　　D.接口

习题1答案

拓 展 提 高

请设计一个十进制加1运算的图灵机。

第1章拓展提高参考答案

课 外 资 料

摩尔定律与多核角逐

1965年4月，后来成为美国芯片制造商英特尔公司创始人之一的戈登·摩尔预言，半导体芯片上集成的晶体管和电阻数量将每年翻一番。1975 年他又提出修正说，芯片上集成的晶体管数量将每两年翻一番。这就是芯片业的"摩尔定律"。

摩尔定律问世多年来不断得到印证，2008 年 2 月英特尔公司研发出的一款四核安腾处理器再次印证了这一定律。这款处理器采用 65 纳米工艺，共集成了 20.5 亿个晶体管。而在 2006 年，英特尔首次发布集成了超过 10 亿个晶体管的芯片；2004 年最先进的芯片则只集成了 5.92 亿个晶体管。

不过可以预见，随着晶体管电路逐渐接近性能极限，摩尔定律终将走到尽头。随着半导体晶体管的尺寸进入纳米级，不仅芯片发热等副作用逐渐显现，电子的运行也难以控制，半导体晶体管将不再可靠。目前，解决之道已有多种，如纳米材料、相变材料等，但芯片业各巨头近年来将主要精力投入到了"多核"技术上——在计算机芯片上安装多个中央处理器，以此提高芯片集成度及数据处理速度。

从双核到四核，再到计划中的 16 核，计算机芯片的集成度越来越高。从最初仅应用于超级计算机、高端服务器等领域，到逐渐"飞入寻常百姓家"，多核技术的应用范围日渐加大，应用多核技术的家用计算机运算能力成倍提高。芯片业快速进步使消费者大受裨益。摩尔定律寿终正寝的日子或许并不遥远，但可以确信，信息技术前进的步伐不会因此停滞。

全球超算 TOP 500 强出炉：中国再夺总榜第一！

如果说光刻机是人类工业文明皇冠上的明珠，那神威·太湖之光毫无疑问就是我国超算行业的皇冠，曾凭借霸道的算力优势一举夺得全球超算四连冠，近年来，伴随着美国前沿（Frontier）和日本富岳（Fugaku）的异军突起，一度令众网友好奇，神威的 E 级超算新品为何迟迟未能问世？

神威·太湖之光沉默了？

北京时间 2022 年 11 月 15 日，第 60 期全球超级计算机 TOP 500 强榜单重磅出炉，排名第一的是来自美国橡树岭国家实验室的 Frontier 前沿超算，它凭 1.102EFlop/s（百亿亿次）的 HPL 得分傲视群雄。

来自中国的神威·太湖之光和天河二号位列第 7 和第 10。

曾几何时，神威·太湖之光在全球超算圈可以说是风光无两，自 2016 年面世后，便创造过一连串辉煌篇章：

它是世界第一台峰值运算性能超过每秒 10 亿亿次浮点运算能力的超级计算机；

2016 年，神威·太湖之光轻松斩获 TOP 500 世界第一；

2016 年，神威·太湖之光荣获戈登贝尔奖；

2017 年，神威·太湖之光再获 TOP 500 世界第一；

2017 年，神威·太湖之光再获戈登贝尔奖。

如果用通俗的比喻来理解创造四连冠的神威·太湖之光的算力的话，那就是，它运算 1 分钟，相当于全球 72 亿人不间断运算 32 年！

彼时神威·太湖之光的计算性能、持续性能和性能功能比 3 项关键指标均处于世界前列。

从 2022 年的榜单来看,Frontier 的稳定速度是榜单上排名第二的 Fugaku 的 2.49 倍,理论速度快了 3.14 倍,单以稳定速度来看,Frontier 是榜单上 TOP 2~TOP 8 的性能之和,在如此彪悍的算力性能下,它的功耗却仅有 Fugaku 的 71%。

仅看数据的对比,神威·太湖之光确实与冠军的成绩有差距,但很多网友没搞明白的一点是,神威·太湖之光是 2016 年的产物,已经过去 6 年了,而 Fugaku 和 Frontier 呢?

2019 年 12 月 13 日,Fugaku 首批 6 台计算机顺利抵达神户理化学研究所计算科学研究中心,由此可见其研制时间在 2019 年前后,2020 年 6 月,当期公布的全球超算 TOP 500 榜单中,Fugaku 排名第一。

而在 2022 年 5 月 30 日和 11 月分别公布的全球超算 TOP 500 榜单中,均斩获冠军的 Frontier,其最早的研制时间也刚好在 2019 年,也就是说,我国的神威·太湖之光投入运行 3 年后,这些后来者才着手研发新一代超算。

隔着 3 年的时差,6 个代际的排名,但即便如此,我们的超算总体成绩仍然令人瞩目。

就拿这届 TOP 500 榜单的前十来说,我国的神威·太湖之光和天河二号仍然都进了前十,并且总上榜台数达到 162,实力超越了欧美,也就是说,我们实际上仍然获得了总榜第一的好成绩。

即便 PK 算力,我们也是世界前列。

超算对于大国的意义巨大!

HPE(Frontier 运营商)执行副总裁、高性能计算和人工智能部门总经理 Justin Hotard 曾表示,Frontier 在速度和性能方面取得了突破,让我们有机会解答那些以前甚至都不知道要问的问题。

美国橡树岭国家实验室相关负责人 Jeff Nichols 表示,来自世界各地的科学家和工程师都将利用该套系统(指 Frontier)非凡的计算速度,来解决我们这个时代全人类最具挑战性的一些问题。

神威·太湖之光的典型应用场景有药物的分子动力学模拟、3D 渲染、数字水池和大气动力学等,比如天气预报、雾霾预警、3D 大片、新型材料和新型药物的研发等,也就是说,这些超算们的应用场景会涉及国防、军事、医疗、高能物理、工程设计、地震预测、气象观测、航天技术、国家高精尖科研的方方面面,无论实际需求还是长远意义都很重大。

这也是各大国不遗余力搞超算军备竞赛的真相!

我国超算们早就拥有了设计一流芯片的能力。

我国的科研人员也早就想到了硬件上的限制,为了不被美国卡脖子,当初超算项目立项之际,就刻意避开了 x86\ARM\RISC-V\MIPS 4 大主流芯片架构,转而选择了有点冷门却系出名门的 Alpha 21364 架构,基于 Alpha 开发拓展出了一套有自主知识产权的指令集,也就是后来的申威指令集。

2006 年,国家超算无锡中心(江南所)设计出自主微结构的申威 1,基于 130nm 制程工艺,单核心 CPU,主频只有 900MHz,集成了 5700 万晶体管。

2008 年,江南所推出了申威 2,基于 130nm 工艺,双核心 CPU,主频抬升到 1.4GHz。

2010 年,申威 1600 横空出世,基于 65nm 工艺,但是性能与功耗却超越了当时的 Intel。i7 980xe 6 核心功耗 130W,申威 1600 功耗仅 70W。申威 1600 在 1.1GHz 的主频率时,双精度浮点运算能力达 140.8G,而 i7 980xe 6 核心运行在 3.2GHz 频率时,双精度浮点只有 107.55G。

2016 年,神威·太湖之光用的申威 26010,双浮点峰值已达 3.06TFlops,与 Intel 的 Kight Landing 处在同一水平,申威 26010 用落后英特尔和 AMD 几乎整两代的工艺却做出了不低于后两者的性能,足见当初选择 Alpha 21364 架构的明智与后续自研拓展指令集的优势。

如今,制程工艺上,限制较明显,但可以选择在功耗控制和堆核心上下力气,花更多的精力,利用与代工厂深度合作的主频优化、自研架构 & 指令集方面的优势缩短硬件性能差距。

回到了前面的问题,这几年,神威系列超级计算机和天河发展得怎样了?

早在 2018 年节点,我国已经正式部署了神威、天河和曙光 3 种不同技术路线的 E 级超算(跟 Frontier 同水平线的百亿亿次每秒),其中,天河三号原型机更是在当年 7 月就通过了验收;同年 8 月 5 日,神威 E 级超算也顺利通过了科技部专家组的验收;同年 10 月 24 日,来自经济日报的一篇报道显示,神威 E 级原型机、天河三号 E 级原型机和曙光 E 级原型机系统全部完成交付。

这说明什么?说明我们早已掌握了 E 级超算的相关技术链。

2022 年 4 月,中国科学技术大学、国家海洋科学与技术试点实验室、北京大学数学科学学院、无锡国家超级计算中心和中国海洋大学组成的联合团队,公布了一篇超算模拟复杂量子多体的文章。

据该文描述,在介绍高性能计算环境时提及了申威 26010 Pro 的架构,该 CPU 为申威 26010 的升级改进款,拥有 6 个计算组,每个计算群有 1 个管理核心和 64 个计算核心,较之于仅有 4 个计算组的申威 26010,单片性能至少提升 50%,文章称呼为新一代神威超级计算机,似乎也印证着该台超算大概率即为神威·海洋之光。

2022 年 11 月 15~17 日,第 24 届中国国际高新技术成果交易会在深圳召开,深流微智能科技有限公司 CTO Jerry 在演讲中直言"深流微作为国内唯一自研高能性图形渲染 GPU 的厂商,拥有完全自主知识产权的 GPU 架构与微架构设计,其自研的 XTS 系列 GPU 可广泛应用于 AI 计算、虚拟现实和元宇宙等领域"。

随着我国算力网络的进一步布局,超算的应用前景将会更加广阔,除了国家队主导的超算之外,民企的算力中心发展速度也十分惊人,据《河北日报》消息,阿里云于 2022 年 8 月 30 日正式启动了张北超级智算中心,总算力高达逆天的 12EFlops,一举超过了 9EFlops 的谷歌和 1.8EFlops 的特斯拉,有了这样的算力作保障,AI 大模型训练、自动驾驶、空间地理等人工智能探索都将如鱼得水。

美国有 Intel、AMD、高通等众芯片民企巨头,我们也有华为、阿里巴巴、深流微等自主研发高手!

加油!

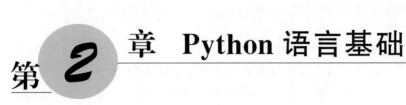

第 2 章 Python 语言基础

借助计算机进行问题求解,并将计算的解转换成计算机能理解且自动执行的形式,需要借助计算机程序设计语言,本书选取 Python 3.6 作为体验计算的语言。本章学习 Python 语言基础,包括 Python 的特点、环境搭建和运行方式;学习常量与变量、数据类型、运算符与表达式等基本元素;学习赋值语句、输入输出语句、选择语句、循环语句;学习列表、元组、字典等内置数据结构;学习函数的概念、用途、定义、调用及面向对象基础。

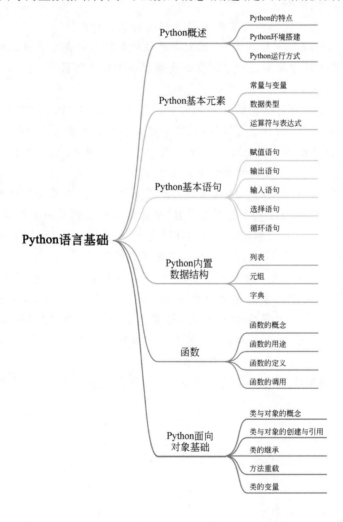

学习任务单（一）

<table>
<tr><td colspan="2" align="center">一、学习指南</td></tr>
<tr>
<td>章节名称</td>
<td>第 2 章 Python 语言基础
2.1Python 概述 2.2 Python 基本元素 2.3 Python 基本语句</td>
</tr>
<tr>
<td>学习目标</td>
<td>（1）能描述 Python 语言的主要特点和编程环境。
（2）能说明 Python 程序常用语法与基本语句。
（3）能读懂并编写简单的 Python 程序。</td>
</tr>
<tr>
<td>学习内容</td>
<td>（1）Python 的特点、环境搭建和运行方式。
（2）常量与变量、数据类型、运算符与表达式等基本元素。
（3）赋值、输入输出、选择、循环等 Python 基本语句。</td>
</tr>
<tr>
<td>重点与
难点</td>
<td>重点：Python 的常用语法与基本结构。
难点：循环结构语句。</td>
</tr>
<tr><td colspan="2" align="center">二、学习任务</td></tr>
<tr>
<td>线上学习</td>
<td>中国大学 MOOC 平台"大学计算机基础"。
自主观看以下内容的视频："第二单元 开启 Python 之旅（一）"。</td>
</tr>
<tr>
<td>研讨问题</td>
<td>假设轰炸机在 $h=3\mathrm{km}$ 的高空，以 $v_0=200\mathrm{m/s}$ 的速度水平匀速飞行，到达 A 点时投下一枚无动力炸弹，建立如下坐标系，不考虑空气阻力，编程完成以下任务（$g=9.8\mathrm{m/s^2}$）。

（1）绘制第 3.5s 时炸弹的坐标。
（2）绘制某个时刻炸弹的坐标。
（3）绘制炸弹整个运动轨迹（即多个点的坐标）。</td>
</tr>
<tr><td colspan="2" align="center">三、学习测评</td></tr>
<tr>
<td>内容</td>
<td align="center">习题 2（一）</td>
</tr>
</table>

学习任务单(二)

	一、学习指南
章节名称	第 2 章 Python 语言基础 2.4Python 内置数据结构　2.5 函数
学习目标	(1) 能概括说明 Python 内置数据结构和函数的用法。 (2) 会利用 Python 内置数据结构和函数编写程序。
学习内容	(1) 列表、元组、字典等 Python 内置数据结构。 (2) 函数的概念、用途、定义及调用。
重点与 难点	重点：列表的定义与引用；函数的定义与调用。 难点：列表的定义与引用；函数的定义与调用。

	二、学习任务
线上学习	中国大学 MOOC 平台"大学计算机基础"。 自主观看以下内容的视频："第二单元 开启 Python 之旅(二)"。
研讨问题	(1) 拦阻索是航母上一个生命攸关的装备，舰载机安全着舰全靠尾钩能够及时挂住拦阻索。拦阻索是有使用次数限制的，如果不及时更换就会发生断裂事故。现在要求用列表数据结构记录并统计一道拦阻索一周的拉钩次数。例如，输入第一天的拉钩次数 2，将其追加至列表，列表为[2]，输入第二天的拉钩次数 1，追加至列表，列表变为[2,1]……最后进行列表各元素求和，即为一周的拉钩次数。 (2) 辽宁舰配备 4 道拦阻索，用字典数据结构记录 4 道拦阻索 1 周的拉钩次数，例如，{'1': 4,'2': 8,'3': 10,'4': 3}，要求输入拦阻索编号，输出相应的拉钩次数，以实现检索功能。如输入 2，输出 8。 (3) 编写一个函数，实现求两个数的较大者功能。

	三、学习测评
内容	习题 2(二)

学习任务单（三）

章节名称	第 2 章 Python 语言基础 2.6 Python 面向对象基础 2.7 航空飞行训练成绩管理系统设计与实现
学习目标	（1）能描述类、对象、继承等面向对象的基本概念。 （2）概括说明面向对象程序设计的方法。 （3）能描述 Python 面向对象程序的功能。 （4）能应用 Python 基本语句、内置数据结构、函数解决实际问题；利用 Python 对简单系统建模和模拟。
学习内容	（1）类与对象的概念、类与对象的创建与引用、类的继承、方法重载和类的变量等面向对象基础。 （2）航空飞行训练成绩管理系统设计与实现。
重点与难点	重点：面向对象的概念与 Python 实现。 难点：面向对象的 Python 实现；利用 Python 对简单系统建模和模拟。

二、学习任务

线上学习	中国大学 MOOC 平台"Python 编程基础"（南开大学 王恺 第 3 次课开课）。 自主观看以下内容的视频："第 4 章 面向对象（4-01 至 4-04）"。
研讨问题	（1）定义学员类，属性包括学号、姓名。 （2）创建学员对象实例，设置其学号和姓名属性。 （3）学员类中定义输出学员信息的普通方法并进行调用。 （4）设计并实现航空飞行训练成绩管理系统。

三、学习测评

内容	习题 2（三）

2.1 Python 概述

Python 是一门高级的，结合了解释性、编译性、互动性和面向对象的脚本语言，Python 程序可通过解释器直接运行。1990 年，由 Guido van Rossum 发明，名称来源于电视剧 *Monty Python's Flying Circus*，2000 年推出 Python 2.0，2008 年推出 Python 3.0，2015 年推出 Python 3.5，2019 年推出 Python 3.8，2023 年推出 Python 3.12。

2.1.1 Python 的特点

Python 主要有以下特点。

（1）简单易学。无论是语法，还是对于脚本语言的无须编译直接运行，学习 Python

语言对于程序设计入门和上手,都相对简单。

(2)内置库丰富。初学者能用很短的程序,实现非常丰富的功能,更利于全方位体验计算。

(3)免费、开源。Python 是自由、开放源码软件之一,使用者可以自由地复制、阅读源代码或做改动等。

2.1.2　Python 环境搭建

(1)进入 Python 官网。

(2)选择平台并下载。

(3)安装。双击下载包,进入 Python 安装向导,通常只需要使用默认的设置一直单击"下一步"按钮,直到安装完成即可。

2.1.3　Python 运行方式

1. 命令行

命令行是指以逐个命令的方式执行程序。一行可以有一条或多条语句,语句之间用";"隔开。

2. 集成开发环境

IDLE 是开发 Python 程序的基本集成开发环境(Integrated Development Environment, IDE),具备基本的 IDE 功能,是非专业开发人员的良好选择。Python 安装后,IDLE 就自动安装好了,不需要再安装。另外,PyCharm、Anaconda 等也是比较好用的 Python 集成开发环境,不过需要单独安装。

2.2　Python 基本元素

2.2.1　常量与变量

常量:程序中值不发生变化的元素。

变量:程序中值发生改变或者可以发生改变的元素。

命名:给程序元素关联一个标识符,保证唯一性。

命名规则:以大小写字母或下画线为首,后跟大小写字母、数字和下画线组合,不能使用空格或保留字。

Python 关键字和保留字如表 2.1 所示。

表 2.1　Python 关键字和保留字

and	as	assert	break
class	continue	def	del
elif	else	except	finally
for	from	global	if
import	in	is	lambda
not	or	pass	print
raise	return	try	while
with			

2.2.2　数据类型

每个数据对象都应该有一个类型,称为数据类型,它规定了程序可以对该类型对象进行哪些操作。Python 常用的数据类型有以下几种。

(1) 整数:int。

(2) 浮点数:float。

(3) 布尔型:值为 True 或 False。

(4) 字符串:str。

注意:字符类型常量应放入单引号或双引号内,如'1'、'Hello'、"张三"。

2.2.3　运算符与表达式

运算符是一种特定的数学或逻辑操作的符号。操作数和运算符可以构成表达式,表达式运算后会得到一个值,称为表达式的值。

Python 常用运算符及其操作如表 2.2 所示。

表 2.2　Python 常用运算符及其操作

操　作	操 作 含 义
x + y	x 与 y 之和
x − y	x 与 y 之差
x * y	x 与 y 之积
x / y	x 与 y 之商
x // y	x 与 y 之整数商
x % y	x 与 y 之商的余数
abs(x)	x 的绝对值

操　　作	操 作 含 义
pow(x，y)或 x**y	x 的 y 次幂
a and b	a 与 b
a or b	a 或 b
not a	a 的非

说明：

（1）int 及 float 类型的运算说明。

① i＋j,i－j,i*j,i**j：如果 i 和 j 都是 int 类型,运算结果为 int 类型；如果 i 和 j 至少有一个为 float 类型,结果为 float 类型。

② i//j：表示整除法,9//4 的值为 int 类型 2。

③ i/j：与 i、j 的类型无关,结果为 float 类型。

④ i%j：i 除以 j 的余数,即数学的"模"运算。

⑤ 比较运算符：＞、＞＝、＜、＜＝。

（2）bool 类型的运算。

① a and b：与运算,a、b 都为 True,结果为 True,否则为 False。

② a or b：或运算,a、b 只要有一个为 True,结果就为 True；只有 a、b 都为 False 时,结果才为 False。

③ not a：非运算,a 为 True,结果为 False；如果 a 为 False,结果为 True。

2.3　Python 基本语句

2.3.1　赋值语句

1. 赋值运算符：＝

注意：赋值运算符(＝)与等号运算符(＝＝)的区别。

2. 赋值语句的格式

格式 1：＜变量＞＝ ＜表达式＞

格式 2：＜变量 1＞,＜变量 2＞…＝ ＜表达式 1＞，＜表达式 2＞…

注意：

（1）变量名可以包含字母、数字、下画线,不能以数字开头,不能与关键字/保留字重名。

（2）Python 中的标识符区分大小写,St 与 st 是不同的标识符。

（3）Python 允许多重赋值。如：

```
a,b=3,4                    #将 a 与 3 关联,b 与 4 关联
a,b=b,a                    #实现两个值的交换
```

2.3.2　输出语句

Python 用 print() 函数实现输出功能。格式:

```
print(x,y,…)
```

功能:按参数出现的顺序输出,以空格间隔。

例 2-1　从键盘输入圆的半径,计算并输出圆的面积。

```
r=input ("请输入半径:")
r=eval(r)
s=3.14 * r * r
print ('圆的面积为',s)
```

2.3.3　输入语句

Python 用 input() 函数获得用户输入的数据,默认为字符类型,参数是一个作为提示语的字符串。格式如下:

```
<变量>= input(<提示性文字>)
```

如:r＝input("请输入半径:")

注意:input() 函数将用户输入当作字符串对象读入并返回给某个变量。如需数值类型的对象,需用 Python 提供的类型进行转换,用所需转换到的类型名作为函数,例如 int()、float() 等。另外,还有一个名为 eval() 的函数,其功能是将输入的字符类型转换成可计算类型,如例 2-1。

2.3.4　选择语句

选择结构分为双分支选择结构和多分支选择结构。双分支选择结构首先进行条件判断,当条件为真时,执行一个代码块,否则,执行另一个代码块,如图 2.1 所示。

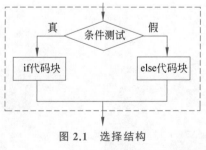

图 2.1　选择结构

1. 双分支选择语句

1) 一般格式

```
if   条件表达式:
    if 代码块
else:
    else 代码块
```

2) 功能

当条件表达式为真时,执行 if 代码块,否则执行 else 代码块。

3) 条件表达式

条件表达式一般由关系表达式和布尔表达式构成。

简单条件:关系表达式($<$、$<=$、$==$、$>=$、$>$、$!=$)。

复杂条件:布尔表达式(and、or、not)。

格式:$<expr1>$ $<relop>$ $<expr2>$。

比较结果:True/False。

注意:数值比较按代数值进行,字符串比较按字典顺序。

4) 缩进

if 语句的格式展示了 Python 语言一个很重要的元素——缩进,即在一行开始前的几个空格。Python 靠缩进体现语句的分组,同一层次的语句必须具有相同的缩进。每一组相同缩进的语句,称为一个代码块。IDLE 编辑器中,当输入“:”并按 Enter 键时,会自动加上缩进。也可借助于键盘上的空格或 Tab 键实现缩进。

5) 举例

例 2-2 输入圆的半径,计算并输出圆的面积。当输入的半径小于 0 时,提示输入错误。

```
r=eval(input("请输入半径:"))
if   r>=0:
    s=3.14 * r * r
    print('圆的面积为', s)
else:
    print("输入错误!")
```

2. 多分支选择语句

1) 一般格式

```
if <条件 1>:
    <表达式 1>
elif <条件 2>:
    <表达式 2>
...
elif <条件 N-1>:
```

```
    <表达式 N-1>
else:
    <表达式 N>
```

2）功能

当满足条件 1 时，执行表达式 1；当不满足条件 1，而满足条件 2 时，执行表达式 2；当不满足条件 1、条件 2…，而满足条件 N−1 时，执行表达式 N−1；当条件 1、条件 2、…、条件 N−1 都不满足时，执行表达式 N。

3）举例

例 2-3 设计并实现一个小型计算器。

```
print ("Welcome to computer world!")
num1=eval(input("first number:"))
num2=eval(input("second number:"))
oper=input("input operator+,-,*,/:")
if oper=="+" :
    sum=num1+num2
elif oper=="-" :
    sum=num1-num2
elif oper=="*" :
    sum=num1*num2
elif oper=="/" :
    sum=num1/num2
else :
    print("operator error!")
    exit()
print (num1,oper,num2,"=",sum)
```

2.3.5 循环语句

循环就是重复。循环结构包括循环变量及初值、循环条件、循环变量的变化、循环体 4 个要素。Python 用 while 语句和 for 语句实现循环控制结构，如图 2.2 所示。

1. while 语句

1）一般格式

```
while 条件表达式：
    循环执行的语句
```

2）执行过程

首先计算条件表达式的值，当其为真时，执行循环体，再进行条件表达式的判断，直到条件表达式的值为假时，结束循环。

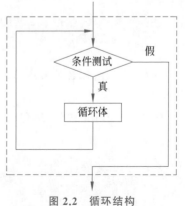

图 2.2 循环结构

3）举例

例 2-4　用 while 语句,编程求 $1+2+\cdots+100$ 的值。

例 2-4

```
i=1
s=0
while i <101:
    s=s+i
    i=i+1
print(s)
```

2. for 语句

1）一般格式

```
for  i  in  range(<初值>,<终值>,<步长>):
        <表达式>
```

说明:range()函数是 Python 中的内置函数,用于生成一系列连续的整数。

2）执行过程

首先使用内置的 range()函数生成序列,序列从初值开始,以步长方式变化至终值(不含终值);然后 for 循环遍历这个序列,并执行循环体语句,直到遍历完序列,结束循环。

3）注意

循环条件是 i<终值,即循环变量 i∈[初值,终值),是一个左闭右开区间。

4）省略形式

for 语句中(＜初值＞,＜终值＞,＜步长＞),3 个参数可省略初值,默认为 0;可省略步长,默认为 1;终值不可省略。省略形式有以下两种。

```
for  i  in  range (<计数值1,计数值2>):
        <表达式>
```

注意:此时,计数值 1 为初值,计数值 2 为终值,默认步长为 1。

```
for  i  in  range (<计数值>):
        <表达式>
```

注意:此时,计数值为终值,默认初值为 0,默认步长为 1。

5）举例

例 2-5　用 for 语句,编程求 $1+2+\cdots+100$ 的值。

例 2-5

```
s=0
for i in range(1,101,1):
    s=s+i
print(s)
```

2.4 Python 内置数据结构

2.4.1 列表

列表是用一对方括号括起来的以逗号分隔的若干数据,可以用位置索引访问。

1. 定义

```
列表名=[元素 1,元素 2,元素 3,… ]
```

如:

```
>>> a=['school', 'teacher', 'student']
>>> b=[1,10,100,1000,100000]
>>> c=[1000, "hello",2000, "world",3000,'true']
>>> d=[[11,22,33], [21,22,23]]        #d 表示一个 2 行 3 列矩阵
```

也可用 list()方法创建列表,如:

```
>>> a=list("Hello")
>>> b=list(range(10))                 #b=[0,1,2,3,4,5,6,7,8,9]
```

2. 引用

用列表名[索引]的方式进行元素的引用,如 b[1]。

注意:索引从 0 开始,故取值范围为 0~len(列表名)-1。

例如:a[i]是对列表 a 元素的引用,i∈0~len(a)-1。

3. 遍历

依次访问列表的每一个元素,称为遍历。明确了索引的取值范围,就可以依据索引,使用循环遍历列表。for 语句和 while 语句都可以实现。以列表 a 为例,输出每个元素。

1) for 语句

```
for i  in  range(len(a)):
    print(a[i])
```

2) while 语句

```
i=0
while i<len(a):
    print(a[i])
i=i+1
```

4. 列表的常用方法

设 s 为列表,x 为 s 中的元素,m 为位置索引,列表的常用方法如表 2.3 所示。

表 2.3　列表的常用方法

方 法 名	功　　能
s.append(x)	将 x 追加到列表中
s.insert(m,x)	将 x 插入列表的第 m 个位置
s.remove(x)	删除列表中的 x
list.pop(m)	移除列表中第 m 个元素
len(s)	列表 s 的元素个数
s.count(x)	统计 x 在 s 中的个数
s.index(x)	返回 x 在列表 s 中的索引
s.reverse()	把 s 中元素顺序颠倒
s.sort()	对列表元素进行排序

5. 应用——拦阻索拉钩次数统计

拦阻索是航母上一个不起眼的子单元,但它却被称为舰载机名副其实的生命线。舰载机安全着舰全靠尾钩能够及时挂住拦阻索。拦阻索将舰载机高速拦停,每阻拦一次,都有很大损耗,因此拦阻索是有使用次数限制的。中国和美国制造的一般为 100 次,俄罗斯制造的约为 50 次。统计并输出"辽宁舰"1 道拦阻索一段时间内的"拉钩"次数,并根据拦阻索使用次数限制,输出拦阻索剩余使用次数。

参考代码如下:

```
sum=0
L=[ ]
c=input("请输入一段时间内的拉钩次数(以#结束输入):\n")
while(c!='#'):
    c=int(c)
    L.append(c)
    c=input()
for  i  in  range(len(L)):
    sum=sum+L[i]
print("该段时间内 1 道航母拦阻索的拉钩次数为:",sum)
print("剩余拉钩次数为:",100-sum)
```

2.4.2　元组

元组是用于组织一组数据的内置数据结构。但是元组是不可修改的数据类型,即一旦创建元组,则元组中的元素就不能被修改,所以通常适合表示坐标、图灵机规则等内容不变的数据。从语法上看,与列表类似,只是将"[ ]"换成"()",如 a=(10,20)。

元组与列表的联系与区别如下。

（1）元组也是有序数列，索引也是从 0 开始。

（2）元组与列表有很多相同的方法，如 len、max、min 方法可获得元组的元素个数、最大元素、最小元素。

（3）列表可为空，且长度不固定；而元组一旦创建不可修改，所以不允许对元组添加或删除元素。

2.4.3 字典

字典是一个用花括号括起来的"键-值"对，字典元素分为两部分，即键（key）和值（value）。字典是一种无序的数据类型，一般通过指定的键从字典访问值，如：

```
a = {'a':'aa', 'b':'bb'}
print(a['b'])                 #输出 'bb'
a['c']='cc'                   #增加元素 'c':'cc'
a['b']='dd'                   #修改元素 'b':'bb' 为 'b':'dd'
print(a)                      #输出 {'a':'aa', 'b':'dd', 'c':'cc'}
```

字典的常用方法如下（设 d 为字典类型对象）。

（1）len(d)：返回 d 中的元素个数。

（2）d.keys()：返回一个列表，包含了 d 的所有键。

（3）d.values()：返回一个列表，包含了 d 的所有值。

（4）d[k]：返回 d 中与键 k 关联的值。

（5）d[k]=v：将 v 赋给 d 中与键 k 关联的值。

（6）for k in d：对 d 中所有的关键字进行循环。

（7）del d[k]：删除 k 对应的"键-值"对。

2.5　函　　数

2.5.1　函数的概念

函数是将一组完成某个特定功能的语句组合起来，封装在一起，形成独立实体，以供多次使用，是一种程序构件，是构成大程序的小程序。

2.5.2　函数的用途

（1）实现模块化程序设计，便于维护。

（2）代码可重用，提高效率。

2.5.3 函数的定义

一般格式：

```
def   name(a1,a2,…):
      语句序列
      return  x
```

例 2-6 定义一个函数，返回任意两个数的较大者。

```
def maximum(x, y):
   if  x > y:
      return  x
   else:
      return  y
```

2.5.4 函数的调用

调用方法：

```
函数名(参数 1, 参数 2, …)
```

例如：求 10 与 20 的较大者，调用上述 maximum()函数。

```
t=maximum(10,20)          #结果将返回 20
```

2.6 Python 面向对象基础

2.6.1 类与对象的概念

类是对象的抽象，对象是类的实例。例如：学员是类，王明是对象。如何描述类和对象呢？例如学员类，通常会用学号、姓名、性别、年龄等进行描述，称为属性。另外，学员还可以选课、训练等，称为方法。

```
类(对象)=属性(特征)+方法(行为)
```

概括来讲，面向对象把一切事物都看作对象，每个对象都属于某个类，同属于一个类的对象使用固定的属性进行描述，它们还具有相同的功能，称为方法。

2.6.2 类与对象的创建与引用

1. 创建类

```
class 类名:
    [def __init__(self,parameters):]
    [def  方法名(self,…):]
```

例如,创建学员类:

```
class  Student:
    def __init__(self, no, name ):
        self.no = no
        self.name = name
    def PrintInfo(self):
        print(self.no,self.name)
```

2. 创建对象

```
对象名=类名(参数列表)
```

例如,创建一个学员对象:

```
s1=Student('20200101','王子')
```

3. 属性和方法的引用

```
对象名.属性
对象名.方法()
```

例 2-7   用面向对象方法,定义一个学员类和一个学员对象,并修改学员对象的姓名。

例 2-7

```
class Student:
    def __init__(self,no,name):
        self.no= no
        self.name= name
    def PrintInfo(self):
        print(self.no,self.name)
s1=Student('20200101','王子')
s1.name='王子珊'
s1.PrintInfo()
```

4. 面向对象程序设计要点

(1) 创建类。

(2) 创建该类的对象。

(3) 对象调用属性和方法。

2.6.3 类的继承

类可以派生子类,产生的子类继承父类的所有属性和方法。例如:学员是父类,飞行学员和地面学员是子类。定义子类的语法格式:

```
class className(parentClassName):
    [body]
```

子类类体中可增加特有属性和方法的定义。

2.6.4 方法重载

在子类中定义与父类相同的方法,又称为重写或者覆盖。当子类中定义其父类已经定义的方法时,父类中的相应方法对于子类对象失效。

2.6.5 类的变量

类的变量:由一个类的所有对象共享使用,当某个对象对类的变量做了修改,修改后的值会反映到所有对象。

对象的变量:由类的每个对象独自拥有,每个对象只能修改自己的变量值。

2.7 航空飞行训练成绩管理系统设计与实现

学习了 Python 语言,我们就可以着手开发一个小型管理信息系统,本节设计并实现航空飞行训练成绩管理系统。

2.7.1 系统功能设计

经需求调研,系统具备以下功能。

(1) 进入系统时显示欢迎界面,如图 2.3 所示。

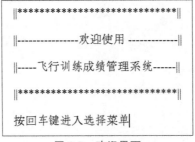

图 2.3 欢迎界面

（2）按回车键后进入菜单选择界面，如图 2.4 所示。

（3）“录入成绩”模块，首先输入成绩个数 n，然后输入 n 个飞行成绩，将成绩列表输出，运行参考图 2.5。

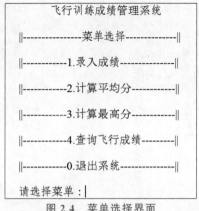

```
飞行训练成绩管理系统
||----------------菜单选择--------------||
||------------1.录入成绩---------------||
||------------2.计算平均分------------||
||------------3.计算最高分------------||
||------------4.查询飞行成绩---------||
||------------0.退出系统---------------||
请选择菜单：
```

图 2.4　菜单选择界面

```
欢迎录入成绩模块！
请输入成绩个数：3
请输入飞行成绩：6
请输入飞行成绩：8
请输入飞行成绩：7
录入的成绩为: [6, 8, 7]
按回车键返回主菜单
```

图 2.5　录入成绩

（4）“计算平均分”模块，计算录入成绩的平均值并输出，运行参考图 2.6。

（5）“计算最高分”模块，计算录入成绩最高分并输出，运行参考图 2.7。

```
欢迎进入计算平均分模块！
[6, 8, 7] 平均成绩为:7.00
按回车键返回主菜单
```

图 2.6　计算平均分

```
欢迎进入计算最高分模块
[6, 8, 7] 最高成绩为:8.00
按回车键返回主菜单
```

图 2.7　计算最高分

（6）“查询飞行成绩”模块，录入要查询成绩的编号，输出其飞行成绩，运行参考图 2.8（提示：选取合适的数据结构存储飞行学员的编号和成绩，当用户输入学员学号时，给出该学员的成绩信息）。

```
欢迎进入查询飞行成绩模块
请输入要查询成绩编号：2
编号为 2 成绩为:7
按回车键返回主菜单
```

图 2.8　查询飞行成绩

2.7.2　系统功能实现

```
print("\n\t\t||******************************||")
print("\n\t\t||-----------------欢迎使用 --------------||")
print("\n\t\t||-----飞行训练成绩管理系统------||")
```

```python
print("\n\t\t||*****************************||")
ret = input("\n\t\t 按回车键进入选择菜单")
while 1:
    print("\n\t\t          飞行训练成绩管理系统          ")
    print("\n\t\t||----------------菜单选择--------------||")
    print("\n\t\t||-----------1.录入成绩---------------||")
    print("\n\t\t||-----------2.计算平均分------------||")
    print("\n\t\t||-----------3.计算最高分------------||")
    print("\n\t\t||-----------4.查询飞行成绩---------||")
    print("\n\t\t||-----------0.退出系统--------------||")
    choose = input("\n\t\t 请选择菜单:")
    if choose=="1":
        print("\n\t\t 欢迎录入成绩模块!")
        scoreList = []
        n=int(input("\n\t\t 请输入成绩个数:"))
        for i in range(n):
            c = eval(input("\n\t\t 请输入飞行成绩:"))
            scoreList.append(c)
        print("\n\t\t 录入的成绩为:",scoreList )


        ret = input("\n\t\t 按回车键返回主菜单")
    elif choose == "2":
        print("\n\t\t 欢迎进入计算平均分模块!")
        s = 0
        for i in range(n):
            s =s + scoreList[i]
        print("\n\t\t",scoreList,"平均成绩为:%.2f" % (s/n))
        ret = input("\n\t\t 按回车键返回主菜单")
    elif choose == "3":
        print("\n\t\t 欢迎进入计算最高分模块")
        max = scoreList[0]
        for i in range(1,n):
            if scoreList[i]>max:
                max=scoreList[i]
        print("\n\t\t",scoreList,"最高成绩为:%.2f" % (max))
        ret = input("\n\t\t 按回车键返回主菜单")
    elif choose == "4":
        print("\n\t\t 欢迎进入查询飞行成绩模块")
        num=int(input("\n\t\t 请输入要查询成绩编号:"))
        print("\n\t\t 编号为",num," 成绩为:",scoreList[num] )
        ret = input("\n\t\t 按回车键返回主菜单")
    elif choose == "0":
        print("\n\t\t 欢迎使用本系统,再见!")
        break
    else:
        print("\n\t\t 输入有误,请重新输入!")
        choose = input("\n\t\t 请选择菜单:")
```

2.8 本章小结

本章学习了 Python 语言基础。学习了 Python 的特点、运行环境和运行方式；学习了常量与变量、数据类型、运算符与表达式等基本元素；学习了赋值语句、输入输出语句、选择语句、循环语句；学习了列表、元组、字典等内置数据结构；学习了函数的概念、用途、定义、调用及面向对象基础。最后借助 Python 实现了航空飞行训练成绩管理系统。

习 题 2

（一）

1. 下列选项中是合法标识符的是(　　)。
   A. _3b_m   B. if   C. _a! b   D. 5n

2. 下面代码的输出结果是(　　)。

```
x=12
y=5
print(x/y,x//y)
```

   A. 2　2.4   B. 2.4　2.4   C. 2　2   D. 2.4　2

3. 下面代码的输出结果是(　　)。

```
x=10
y=4
print(x%y,x**y)
```

   A. 2　10000   B. 4　40   C. 2　40   D. 4　10000

4. 下列表达式的值为 True 的是(　　)。
   A. 3!＝5 or 0   B. 5＞2＞2   C. 3＋2j＞1-2j   D. 'cde'＞'uvw'

5. 在 Python 中，正确的赋值语句为(　　)。
   A. x-y＝1   B. x＝3y   C. x＝y＝10   D. y＝2x+1

6. 语句 x＝input()执行时，如果从键盘输入 2□3 并按回车键(□代表空格)，则 x 的值是(　　)。
   A. 2   B. 23   C. 2□3   D. '2□3'

7. 语句 eval('1＋3/4')执行后的输出结果是(　　)。
   A. 1.75   B. 2   C. 1＋3/4   D. '1＋3/4'

8. 执行下列 Python 语句后的显示结果是(　　)。

```
x=3
```

```
y=3.0
if(x==y):
    print("ok")
else:
    print("not ok")
```

  A. ok   B. not ok   C. 编译错误   D. 运行时错误

9. 执行下列 Python 语句后的结果是(   )。

```
count = 1
total = 0
while count < 11:
    total = total + count
    count += 1
print(total)
```

  A. 50   B. 54   C. 55   D. 56

10. 执行下列 Python 语句后的结果是(   )。

```
total=0
for count in range(1,10,1):
    total = total + count
print(total)
```

  A. 40   B. 45   C. 50   D. 55

11. 写出下列程序的执行结果。

（1）

```
a=1
if a<0:
    print(-a)
else:
    print(a)
```

（2）

```
a=1
if a<0:
    print(-a)
elif a>2:
    print(a+3)
else :
    print(a)
```

（3）

```
t=2
```

```
a=3
while a<5:
    if a>3:
        t=t+a
    else:
        t=t-a
    a=a+1
print(t)
```

12. 某基地进行仪表飞行训练,某期班有 3 名学员,成绩分别为 95、80、78,计算输出 3 名学员飞行训练平均分。

13. 某期班有 3 名学员参加仪表飞行训练,请从键盘输入学员训练成绩,并输出最高分。

14. 输入圆半径,输出圆面积,当输入的半径小于 0 时,提示输入错误。

15. 从键盘输入一个百分制成绩,并进行等级转换。90 分以上(含 90)输出等级 A;80～90 分(含 80)输出等级 B;70～80 分(含 70)输出等级 C;60～70 分(含 60)输出等级 D;低于 60 分,输出等级 E。

16. 编程求下列值。

$1+2+3+\cdots+100=?$

$1+3+5+\cdots+99=?$

$2+4+6+\cdots+100=?$

$1+1/2+1/3+1/4+\cdots+1/100=?$

$1-1/2+1/3-1/4+\cdots-1/100=?$

17. 某轰炸机在 $h=3\text{km}$ 的高空,以 $v_0=200\text{m/s}$ 的速度水平匀速飞行,到达 A 点时投下一枚无动力炸弹,建立如图 2.9 所示坐标系,不考虑空气阻力,$g=9.8\text{m/s}^2$。

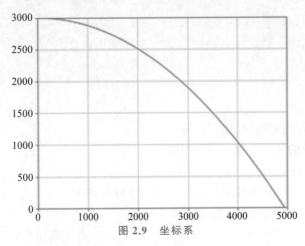

图 2.9　坐标系

(1) 计算 $t=5\text{s}$ 时炸弹的坐标。

(2) 从键盘输入时间 t,计算 t 秒时炸弹的坐标。

(3) 输出 t 为 0～20 秒之间每一秒时的炸弹坐标。

18. 某期班 n 名学员参加仪表飞行训练,现进行训练成绩统计。请依次输入 n 及 n 名学员成绩,并输出其最高分、最低分、平均分以及不及格(<60 分)的学员成绩。

习题 2(一)参考答案

(二)

19. 下面代码的输出结果是(   )。

```
ls = list(range(1,5))
print(ls)
```

A. [1,2,3,4,5]   B. {1,2,3,4,5}   C. [1,2,3,4]   D. {1,2,3,4}

20. 下面代码的输出结果是(   )。

```
list1 = []
for i in range(1,9):
    list1.append(i**2)
print(list1)
```

A. [1, 4, 9, 16, 25, 36, 49, 64]   B. [1, 4, 9, 16, 25, 36, 49, 64,81]
C. [2, 4, 6, 8, 10, 12, 14, 16]   D. [2, 4, 6, 8, 10, 12, 14, 16, 18]

21. 以下程序的运行结果是(   )。

```
L=[1,1]
i=1
while i<20:
    c=L[i]+L[i-1]
    L.append(c)
    i=i+1
print(L[5])
```

A. 8   B. 1   C. 5   D. 6

22. 下列关于元组的说法,错误的是(   )。

    A. 元组中的元素不能改变和删除

    B. 元组没有 append()或 extend()方法

    C. 元组在定义时所有元素放在一对圆括号"()"中

    D. 用 sort()方法可对元组中的元素排序

23. 对于字典 D={'A': 90,'B': 80,'C': 70,'D': 60},对字典元素'D': 60的访问形式是(   )。

    A. D[3]   B. D[4]   C. D[D]   D. D['D']

24. 下列 Python 语句的运行结果是(   )。

```
d={100:'a',85:'b',70:'c'}
print(len(d))
```

     A. 0   B. 1   C. 3   D. 6

25. 下列程序执行后,y 的值是(　　)。

```
def f(x,y):
    return x**2+y**2
y=f(f(1,2),10)
```

     A. 100   B. 125   C. 32   D. 8

26. 下列程序的输出结果是(　　)。

```
a=5
b=6
def  f1(a,b):
    return a+b
def  f2(a,b):
    return a*b
print(f1(a,b),f2(a,b))
```

     A. 30　30   B. 11　11   C. 30　11   D. 11　30

27. 给出如下代码:

```
def fun(a,b):
  c=a**2-b
  b=a
  return c
a=10
b=50
c=fun(a,b)+a
```

以下选项中描述错误的是(　　)。

     A. 执行该函数后,变量 c 的值为 50

     B. 执行该函数后,变量 a 的值为 10

     C. 执行该函数后,变量 b 的值为 50

     D. 执行该函数后,变量 c 的值为 60

28. 以下程序的执行结果是(　　)。

```
def f(a):
    b= 1
    c = a + b
    print('c =', c)
    return c
x = 3
y = f(x)
```

```
print('x =', x)
print('y =', y)
```

    A. c＝4x＝3y＝4   B. c＝4
                                             x＝3
                                             y＝4

    C. x＝3y＝4   D. x＝3
                                             y＝4

29. 编写一个函数,求 n!

习题 2(二)参考答案

(三)

30. 下述 Python 程序中,Name 和 isPilot 是(　　　)。

```
class xueyuan:
    def __init__(self,name):
        self.Name = name
        self.isPilot = 0
    def JoinPilot(self):
        self.isPilot =1
zhangsan = xueyuan('张文强')
```

    A. 对象   B. 类   C. 属性   D. 方法

31. 下列程序的执行结果是(　　　)。

```
class point:
    x=5
    y=6
    def __init__(self,x,y):
        self.x=x
        self.y=y
pt=point(20,20)
print(pt.x,pt.y)
```

    A. 5 20   B. 20 6   C. 5 6   D. 20 20

32. 以下 Python 源代码的输出结果是(　　　)。

```
dat = ['1', '2', '3', '0', '0', '4']
for item in dat:
    if item == '0':
        dat.remove(item)
print(dat)
```

大学计算机基础——基于混合式学习

A. ['1', '2', '3', '4']   B. ['1', '2', '3', '0', '4']

C. ['1', '2', '3', '0', '0', '4']   D. ['1', '2', '3', '0']

33. 以下程序的执行结果为（   ）。

```
class Stu :
    def __init__(self,no,score):
        self.no = no
        self.score = score
    def PrintInfo(self):
        print(self.no,self.score)
s0 = Stu('001', 100)
s1 = Stu('002',80)
s2 = Stu('003',95)
s=[s0,s1,s2]
for i  in range(3):
    if s[i].score<90:
        s[i].PrintInfo()
```

A. 001 100   B. 003   95   C. 002   80   D. 以上都不对

习题 2（三）参考答案

拓 展 提 高

拦阻索是航母上一个不起眼的子单元，但它却被称为舰载机名副其实的生命线。舰载机安全着舰全靠尾钩能够及时挂住拦阻索。拦阻索将舰载机高速拦停，每阻拦一次，都有很大损耗，因此拦阻索是有使用次数限制的。中国和美国制造的一般为 100 次，俄罗斯制造的约为 50 次。拦阻索一般在航母上布置 3～5 条，其中我国现役的航母"辽宁舰"为 4 条。这种"拦阻索"布置的一般规律是第一道设在距斜甲板尾端 55m 处，然后每隔 14m 设一道。

（1）统计并输出"辽宁舰"1 道拦阻索一段时间内的"拉钩"次数，并根据拦阻索使用次数限制，输出拦阻索剩余使用次数。

（2）统计并输出"辽宁舰"各道拦阻索一段时间内的"拉钩"次数，并根据拦阻索使用次数限制，输出拦阻索剩余使用次数。

（3）如何检索一段时间内各道拦阻索的拉钩次数？如输入拦阻索编号，输出其相应的拉钩次数。

（4）用面向对象统计 1 道拦阻索的"拉钩"次数。

（5）用面向对象实时统计"辽宁舰"各道拦阻索的"拉钩"次数。

课 外 资 料

Python 的发展史

Python 由荷兰数学和计算机科学研究学会的 Guido van Rossum 于 20 世纪 90 年代初设计，作为一门叫作 ABC 语言的替代品。Python 提供了高效的高级数据结构，还能简单有效地面向对象编程。Python 语法和动态类型，以及解释型语言的本质，使它成为多数平台上写脚本和快速开发应用的编程语言，随着版本的不断更新和语言新功能的添加，逐渐被用于独立的、大型项目的开发。下面将带你了解一下 Python 的发展简史。

Python 之父是荷兰人 Guido van Rossum，他于 1982 年从阿姆斯特丹大学取得了数学和计算机硕士学位。

20 世纪 80 年代中期，Guido van Rossum 还在 CWI（数学和理论计算机科学领域的研究中心，位于阿姆斯特丹）为 ABC 语言贡献代码。ABC 语言是一个为编程初学者打造的研究项目。ABC 语言给了 Python 之父 Guido 很大影响，Python 从 ABC 语言中继承了很多东西，比如字符串、列表和字节序列都支持索引、切片排序和拼接操作。

在 CWI 工作了一段时间后，Guido van Rossum 构思了一门致力于解决问题的编程语言，他觉得现有的编程语言对非计算机专业的人十分不友好。于是，1989 年 12 月份，为了打发无聊的圣诞节假期，Guido van Rossum 开始写 Python 的第一个版本。值得一提的是 Python 这个名字的由来，Python 有蟒蛇的意思，但 Guido 起这个名字完全和蟒蛇没有关系。当 Guido 在实现 Python 时，他还阅读了 *Monty Python's Flying Circus* 的剧本，这是一部来自 20 世纪 70 年代的 BBC 喜剧。Guido 认为他需要一个简短、独特且略显神秘的名字，因此他决定将该语言称为 Python。

1991 年，Python 的第一个解释器诞生了。它是由 C 语言实现的，有很多语法来自 C，又受到了很多 ABC 语言的影响。有很多来自 ABC 语言的语法，直到今天还很有争议，强制缩进就是其中之一。要知道，大多数语言都是代码风格自由的，即不在乎缩进有多少，写在哪一行，只要有必要的空格即可。而 Python 是必须要有缩进的，这也导致很多其他语言的程序员开玩笑说"Python 程序员必须要会用游标卡尺。"

Python 1.0 于 1994 年 1 月发布，这个版本的主要新功能是 lambda、map、filter 和 reduce，但是 Guido 不喜欢这个版本。

6 年半之后的 2000 年 10 月，Python 2.0 发布。这个版本的新功能主要是内存管理和循环检测垃圾收集器以及对 Unicode 的支持。然而，尤为重要的变化是开发流程的改变，Python 此时有了一个更透明的社区。

2008 年 12 月，Python 3.0 发布。Python 3.x 不向后兼容 Python 2.x，这意味着 Python 3.x 可能无法运行 Python 2.x 的代码。Python 3 代表着 Python 语言的未来。

今天的 Python 已经进入到了 3.0 时代，Python 的社区也在蓬勃发展，当你提出一个有关 Python 的问题，几乎总是有人遇到同样的问题并已经解决。所以，学习 Python 并不是很难，你只需要安装好环境—开始敲代码—遇到问题—解决问题。就是这么简单，开始学习 Python 之路吧。

第 3 章 计算思维与问题求解

计算思维是对问题进行抽象并形成自动化解决方案的思维活动,是当今信息社会每个人必须具备的基本技能。本章围绕计算思维的核心——抽象和自动化,介绍计算机问题求解的步骤和算法描述,探讨查找、穷举、贪婪、排序、递归等典型算法,通过问题求解的部分实例,展现计算思维及其过程。

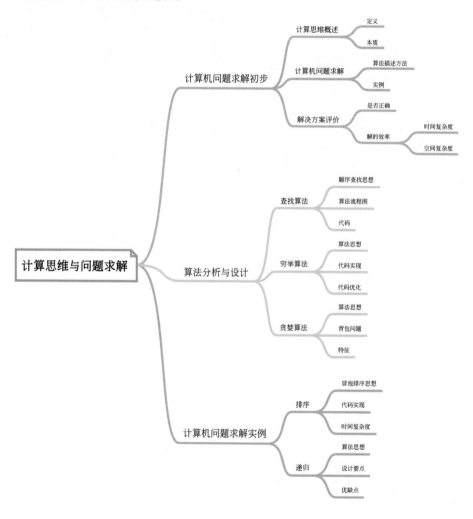

学习任务单（一）

	一、学习指南
章节名称	第 3 章 计算思维与问题求解 3.1 计算机问题求解初步
学习目标	(1) 能阐述计算思维的本质、数据结构的基本概念。 (2) 能描述计算机问题求解的一般步骤与方法。 (3) 能读懂用自然语言、流程图或伪代码描述的算法，并利用 Python 进行代码实现。 (4) 解释说明算法正确性、时间复杂度、空间复杂度等算法评价标准。
学习内容	(1) 计算思维概述。 (2) 计算机问题求解。 (3) 解决方案评价。
重点与 难点	重点：计算机问题求解步骤；算法的概念与描述方法。 难点：算法描述方法。
	二、学习任务
线上学习	中国大学 MOOC 平台"大学计算机基础" 自主观看以下内容的视频："第一单元 1.2 计算思维概述 1.3 计算的自动化 1.4 计算的抽象 1.5 本单元小结"。
研讨问题	(1) 输入两个正整数，求最大公约数和最小公倍数。 (2) 输入正整数 n，判断 n 是否为素数。 (3) 输出 100 以内的素数，并求和。
	三、学习测评
内容	习题 3（一）

学习任务单（二）

章节名称	第 3 章 计算思维与问题求解 3.2 算法分析与设计
学习目标	(1) 能描述穷举法、贪婪法等常用算法设计策略。 (2) 能对查找、素数、背包等典型问题进行算法分析与设计。
学习内容	(1) 查找算法。 (2) 穷举算法。 (3) 贪婪算法。
重点与 难点	重点：穷举法、贪婪法的算法分析与设计。 难点：穷举法的算法分析与设计。

二、学习任务

线上学习	中国大学 MOOC 平台"大学计算机基础"。 自主观看以下内容的视频："开启 Python 之旅（二）、（三）"。
研讨问题	(1) 以每行 5 个数来输出 1～300（不含）能被 7 或 17 整除的偶数，并求其和。 (2) 有一些数，除以 10 余 7，除以 7 余 4，除以 4 余 1，求满足条件的最小正整数。 (3) 有 1 元、2 元、5 元若干张，要凑齐 20 元，有哪几种方案？哪种方案用得张数最少？

三、学习测评

内容	习题 3（二）

学习任务单（三）

3.1 计算机问题求解初步

3.1.1 计算思维概述

1. 计算思维

计算思维是对问题进行抽象并形成自动化解决方案的思维活动。它包括一系列计算机科学的思维方法，如逻辑思维、算法思维、分解、抽象等。

逻辑是研究推理的科学，是一种区分正确和不正确论证的系统，逻辑思维帮助人们理解事物、建立和检查事实。

算法由求解问题的有限个步骤组成。算法中动作步骤的组织有 3 种方式：顺序、选择、循环。算法思维能让人们设计出借助计算机解决问题的步骤。算法通常用算法流程图进行描述。算法描述的是过程性知识，这是利用计算思维设计问题解决方案的基石。因此，需要掌握算法思维来正确地组织解决方案的动作序列。

分解是对问题进行划分,得到一组子问题,这些子问题是易于理解的。通常这种分解过程会一直持续下去,直到每个子问题的解都很简单为止。它有助于人们解决复杂问题。

2006 年 3 月,美国卡内基梅隆大学的周以真教授在美国计算机权威杂志 *Communication of ACM* 上,发表了计算思维(Computational Thinking)的论文。论文指出,计算思维和阅读、写作及算术一样,是 21 世纪每个人的基本技能,而不仅仅属于计算机科学家。

2. 计算思维的本质

计算思维的本质是抽象(Abstraction)与自动化(Automation)(简称两个 A),即首先将现实世界抽象为数据模型,称为建模,然后设计能自动执行的算法进行模拟。

抽象是从众多的事物中抽取出共同的、本质性的特征,而舍弃其非本质的特征。在讨论抽象时,经常出现的一个词是建模,它是对现实世界事物的描述,这种描述通常会舍弃一些细节。建模的结果是各种模型,是对现实世界事物的各种表示,即抽象后的表现形式。

计算机中数据之间的关系抽象为数据结构。数据结构是指相互之间存在一种或多种特定关系的数据元素的集合。根据数据之间的逻辑关系,数据结构可分为集合结构、线性结构、树结构和图结构。

集合结构的元素之间无逻辑关系。

线性结构是一个有序数据元素的集合。常用的线性结构有线性表、栈、队列等。其中,线性表的数据元素是一对一关系,即除了第一个和最后一个元素外,其他元素都只有一个前驱和一个后继。栈是按先进后出(FILO)的原则组织信息的一种线性结构。队列是按先进先出(FIFO)的原则组织信息的一种线性结构。

非线性结构包含树和图。其中,树结构是具有层次的嵌套结构,该结构中的数据成一对多的关系,如家族谱。图结构是一种复杂的数据结构,该结构内的数据存在多对多的关系,也称网状结构。

计算机科学家、图灵奖得主 N. Wirth(沃斯)提出,程序=数据结构+算法。借助计算机进行问题求解,首先分析问题,将现实世界中的对象及对象之间的关系抽象为数据模型,并选择合适的数据结构,保存数据;然后设计合理高效的算法,对数据进行操作,编写出计算机能自动执行的程序,得到问题的解。

3.1.2　计算机问题求解

用计算机求解问题的一般步骤是分析问题、建立模型、设计算法、编程/调试、得到结果。其中,算法设计是问题求解的关键。

1. 算法描述方法

算法的描述方法有多种,包括文字描述、图形描述、伪代码描述等。

流程图是算法的一种图形化表示方式,将一个过程中的指令或流动的流程绘制成图,并使用符号表示其中的每个活动。流程图基本符号如图 3.1 所示,图 3.2 所示流程图的功能是判断成绩是否及格。

流程图基本符号	说明
	程序的开始或结束
	计算步骤(动作/操作)
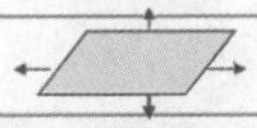	输入输出指令
	判断和分支
	连接符
	流程线

图 3.1　流程图基本符号

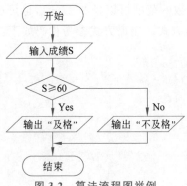

图 3.2　算法流程图举例

2. 实例

1) 最大公约数与最小公倍数问题

方法一：概念法。

流程图如图 3.3 所示,代码实现如下:

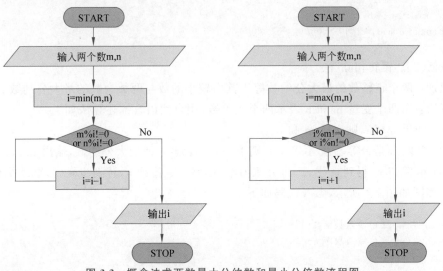

图 3.3　概念法求两数最大公约数和最小公倍数流程图

```
m=int(input('输入数字1:'))
n=int(input('输入数字2:'))
i=min(m,n)
while m%i!=0 or n%i!=0:
    i=i-1
print(i,'最大公约数')
i=max(m,n)
while i%m!=0 or i%n!=0:
    i=i+1
print(i,'最小公倍数')
```

说明：

（1）求最大公约数时，除数的范围可以是 $2\sim i-1$，也可以是 $2\sim i/2$ 或 $2\sim\sqrt{i}$。可以采用递减方式，也可采用递增方式。递增方式参考代码如下：

```
m=int(input('输入数字1:'))
n=int(input('输入数字2:'))
i=min(m,n)
for j in range(2,i+1,1):
    if(m%j==0 and n%j==0):
        p=j
print(p,'最大公约数')
```

（2）求最小公倍数，也可以 m 或 n 的倍数增长，效率更高。参考代码如下：

```
m=int(input('输入数字1:'))
n=int(input('输入数字2:'))
i=max(m,n)
mul=1
while (i*mul)%m!=0 or (i*mul)%n!=0:
    mul=mul+1
print(i*mul,'最小公倍数')
```

方法二："辗转相除"法。

原理：两个正整数的最大公约数等于其中较小的数与两数余数的最大公约数。

算法：用两个变量 m 和 n 表示两个正整数，用自然语言描述算法如下。

（1）如果 m＜n，则交换 m 和 n。

（2）判断 n 是否等于 0，不等于 0 则下一步，否则 m 即最大公约数，输出 m。

（3）m 除以 n，得到余数 r。将 n 赋值给 m，将 r 赋值给 n，转到步骤（2）继续执行。

流程图如图 3.4 所示，参考代码如下：

```
m=int(input('输入数字1:'))
n=int(input('输入数字2:'))
t=m*n
while n!=0:
```

```
    r=m%n
    m=n
    n=r
print('最大公约数:',m)
print('最小公倍数:',t//m)
```

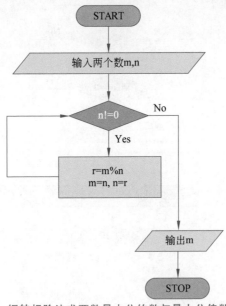

图 3.4　辗转相除法求两数最大公约数与最小公倍数流程图

2) 素数问题

实例 1　输入 x 判断它是否为素数。

素数(质数):除 1 和它本身以外不再有其他因数,如:2、3、5、7、…

思路:遍历 2～x−1 的所有整数 i,若 x 除以 i 的余数为 0,则 x 不是素数;若 x 除以 i 的余数都不为 0,则 x 是素数。

流程图如图 3.5 所示,参考代码如下:

```
x=eval(input('请输入一个数:'))
i=2
while i<x:
    if x%i == 0:
        break
    i=i+1
if i == x:
    print(x, '是素数')
else:
    print(x,'不是素数')
```

说明:

(1) 本例使用的是 while 语句,也可使用 for 语句,但由于 for 语句的运行机制,导致素数 2 的判断异常,可采用单独处理 2 的方式进行纠正。参考代码如下:

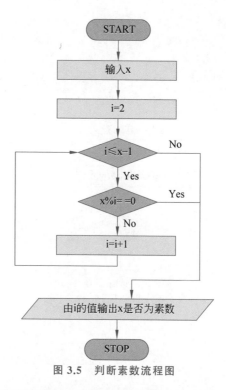

图 3.5　判断素数流程图

```
x= eval(input('请输入一个数:'))
if x==2:
    print("是素数")
else:
    for i in range(2, x, 1):
        if x%i == 0:
            break
    if i == x-1:
        print(x, '是素数')
    else:
        print(x, '不是素数')
```

（2）本例可引入标记变量 flag，标记 x 是否为素数。如 flag 为 1 代表 x 是素数，flag 为 0 代表 x 不是素数。参考代码如下：

```
x= eval(input('请输入一个数:'))
flag=1
i=2
while i<x:
    if x%i == 0:
        flag=0
        break
    i=i+1
if flag:
    print(x, '是素数')
else:
```

大学计算机基础——基于混合式学习

```
print(x,'不是素数')
```

实例 2　输出 100 以内的所有素数。

思路：对 100 以内的每个数 x,遍历 2～x-1 的所有整数 i,若 x 除以 i 的余数都不为 0,则 x 是素数,输出。

参考代码：

```
n = 100
print(n,'以内素数包括:')
for x in range(2,n,1):
    i=2
    while i<x:
        if(x%i==0):
            break
        i=i+1
    if(i==x):
        print(x)
```

实例 3　求 100 以内所有素数的和。

思路：对 100 以内的每个数 x,遍历 2～x-1 的所有整数 i,若 x 除以 i 的余数都不为 0,则 x 是素数,将 x 累加,输出累加和。

参考代码：

```
n = 100
print(n,'以内素数之和为:')
s = 0
for x in range(2,n,1):
    i=2
    while i<x:
        if(x%i==0):
            break
        i=i+1
    if(i==x):
        s+= x
print(s)
```

3.1.3　解决方案评价

问题求解的最后一步,是确保问题的解是一个"好"解,必须对解进行评价,即解的质量如何。评价涉及很多方面,如正确性、可读性、健壮性等。主要是正确性和解的效率。

1. 解是否正确

通常采用系统化、有计划的测试来评价解的正确性。测试的主要任务就是设法使软件发生故障、暴露软件错误,尽可能多地查找错误。测试阶段的根本目标是尽可能多地发现并排除软件中潜藏的错误。

2. 解的效率如何

解的效率关心的就是程序在占用计算资源方面的表现。通常用主要操作步骤的数目以及所需的空间来度量时间和空间复杂度,即用时间和空间两个指标来度量算法效率。

时间复杂度:为了便于比较同一问题的不同算法,通常从算法中选取一种与求解问题相关的基本操作,以该基本操作的重复执行次数作为算法时间量度的依据。

空间复杂度:算法所处理的数据所需的存储空间(与数据结构密切相关)与算法操作所需的辅助空间(工作单元)之和,通常又以后者为主要考虑对象。

3.2　算法分析与设计

3.2.1　查找算法

问题:某期班有 10 名学员,参加飞行训练考核,现需查找考核成绩低于合格线的学员,以进行预警提醒。输入合格分数线,输出需预警提醒的学员编号(设列表元素下标为学员编号)。

1. 算法分析

(1)构造成绩列表 a＝[a0,a1,…,a9]。

(2)遍历列表,顺序查找低于合格线的学员,输出其下标。

2. 算法流程图

顺序查找算法流程图如图 3.6 所示。

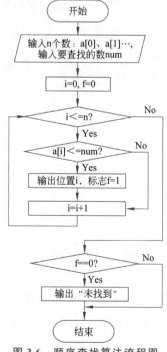

图 3.6　顺序查找算法流程图

3. 代码实现

```python
n=int(input("请输入数列元素的个数:"))
a=[ ]
f=0
for i in range(n):
    print ("输入第",i+1,"数:")
    a.append(int(input()))
print ('成绩列表为:',a)
num=int(input("请输入合格分数线:"))
for i in range(n):
    if(a[i]<num):
        print (i,"号学员低于合格线")
        f=1
if f==0:
    print ("没有需要预警提醒的学员")
```

4. 查找算法应用——用凯撒密码为军事情报加密

古罗马凯撒大帝发明来对军事情报进行加解密的算法。它是一种替换加密的技术,明文中的所有字母都在字母表上向后(或向前)按照一个固定数目进行偏移后被替换成密文。例如,当偏移量是 3 时,所有的字母 A 将被替换成 D,B 变成 E,以此类推,小写字母和数字也一样处理,其他字符不做任何改变。

假如有这样一条指令:

this is a secret.

用凯撒密码加密后就成为

wklv lv d vhfuhw.

编写程序,输入一个字符串,对字符串中的字母和数字进行凯撒加密,输出加密后的字符串,并对加密后的字符串进行解密。

凯撒加密参考代码:

```python
LETTERS="abcdefghijklmnopqrstuvwxyz"
KEYS="defghijklmnopqrstuvwxyzabc"
s=input("请输入明文:")
t=""
for i in range(len(s)):
    if s[i] in LETTERS:
        for j in range(len(LETTERS)):
            if(s[i]==LETTERS[j]):
                t=t+KEYS[j]
    else:
        t=t+s[i]
print('密文为:',t)
```

凯撒解密参考代码：

```
LETTERS="abcdefghijklmnopqrstuvwxyz"
KEYS="defghijklmnopqrstuvwxyzabc"
t=input("请输入密文:")
s=""
for i in range(len(t)):
    if t[i] in KEYS:
        for j in range(len(KEYS)):
            if(t[i]==KEYS[j]):
                s=s+LETTERS[j]
    else:
        s=s+t[i]
print('明文为:',s)
```

5. 顺序查找总结

思想：从头到尾，依次比较，找到要找的。

适用问题：在无序的数组中查找。

优点：思想直观，实现简单。

缺点：效率不高。

6. 二分查找

二分查找又称折半查找，它是一种效率较高的查找方法。

二分查找要求：必须按关键字大小有序排列。

算法思想：首先，将列表中间位置记录的关键字与查找关键字比较，如果二者相等，则查找成功；否则利用中间位置记录将列表分成前后两个子列表，如果中间位置记录的关键字大于查找关键字，则进一步查找前一子列表，否则进一步查找后一子列表。

3.2.2 穷举算法

1. 引入：百钱买百鸡问题

在公元5世纪我国数学家张丘建在其《算经》一书中提出"百鸡问题"：鸡翁一，值钱5；鸡母一，值钱3；鸡雏三，值钱1。百钱买百鸡，问鸡翁、母、雏各几何？

2. 问题分析

建立数学模型：设鸡翁 x 只、鸡母 y 只、鸡雏 z 只，x、y、z 取值范围为 $0\sim100$。

$$\begin{cases} x+y+z=100 \\ 5x+3y+\dfrac{z}{3}=100 \end{cases}$$

3. 穷举法思想

根据问题列出所有可能情况，然后根据问题中的条件检验哪些情况是需要的。

4. 实现及时间复杂度分析

```
for Cock in range(101):
```

```
        for Hen in range(101):
            for Chick in range(101):
                if Cock+Hen+Chick==100 and 5 * Cock+3 * Hen + Chick /3==100:
                    print ("Cock:",Cock, "Hen:",Hen,"Chick:",Chick)
```

算法时间复杂度：$O(n^3)$。

此穷举法需尝试 $100×100×100＝1\ 000\ 000$ 次。

思考：能否优化？

优化1：百钱只买一种类别的鸡，则鸡翁最多能买 20 只，鸡母最多能买 33 只，鸡雏最多能买 100 只。

```
for Cock in range(21):
    for Hen in range(34):
        for Chick in range(101):
            if Cock+Hen+Chick==100 and 5 * Cock+3 * Hen + Chick /3==100:
                print ("Cock:",Cock, "Hen:",Hen,"Chick:",Chick)
```

算法时间复杂度：$O(n^3)$。

此穷举法需尝试 $20×33×100＝66\ 000$ 次。

优化2：购买鸡翁和鸡母后，鸡雏的数量可利用"百鸡"的条件获得。

```
for Cock in range(21):
    for Hen in range(34):
        if  5 * Cock+3 * Hen + (100-Cock-Hen) /3==100:
            print ("Cock:",Cock, "Hen:",Hen,"Chick:",100-Cock-Hen )
```

算法时间复杂度：$O(n^2)$。

此穷举法需尝试 $20×33＝660$ 次。

5. 穷举总结

适用问题：可以枚举各种情况。

设计要点：注意方案的优化，减少运算量。

3.2.3　贪婪算法

1. 引入

思考：有 1 元、2 元、5 元纸币若干张，要凑齐 20 元，有几种方法？

```
count=0
for x in range(21):
    for y in range(11):
        for z in range(5):
            if  x+2 * y+5 * z==20:
                print ("1元:",x, "张,2元:",y, "张,5元:",z, "张")
                count=count+1
print('共',count,'种方法。')
```

运行结果如图 3.7 所示。

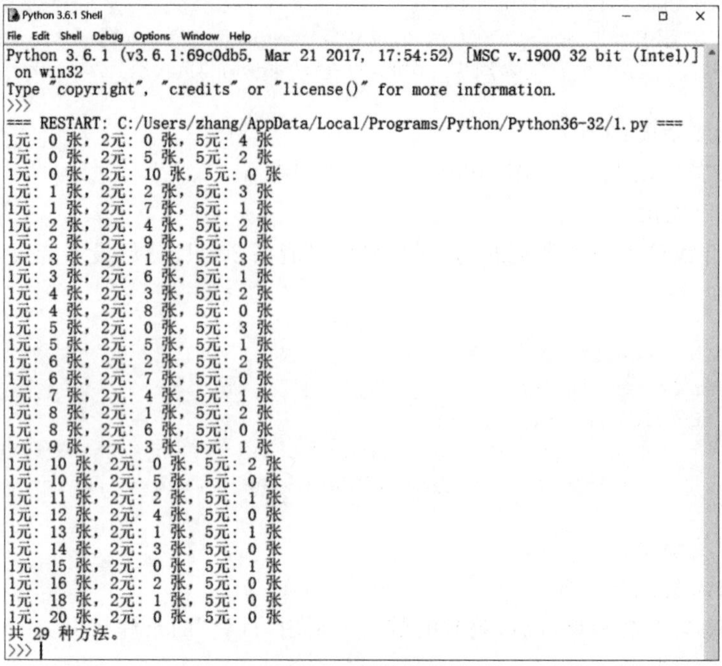

```
Python 3.6.1 Shell
File Edit Shell Debug Options Window Help
Python 3.6.1 (v3.6.1:69c0db5, Mar 21 2017, 17:54:52) [MSC v.1900 32 bit (Intel)]
 on win32
Type "copyright", "credits" or "license()" for more information.
>>>
=== RESTART: C:/Users/zhang/AppData/Local/Programs/Python/Python36-32/1.py ===
1元: 0 张, 2元: 0 张, 5元: 4 张
1元: 0 张, 2元: 5 张, 5元: 2 张
1元: 0 张, 2元: 10 张, 5元: 0 张
1元: 1 张, 2元: 2 张, 5元: 3 张
1元: 1 张, 2元: 7 张, 5元: 1 张
1元: 2 张, 2元: 4 张, 5元: 2 张
1元: 2 张, 2元: 9 张, 5元: 0 张
1元: 3 张, 2元: 1 张, 5元: 3 张
1元: 3 张, 2元: 6 张, 5元: 1 张
1元: 4 张, 2元: 3 张, 5元: 2 张
1元: 4 张, 2元: 8 张, 5元: 0 张
1元: 5 张, 2元: 0 张, 5元: 3 张
1元: 5 张, 2元: 5 张, 5元: 1 张
1元: 6 张, 2元: 2 张, 5元: 2 张
1元: 6 张, 2元: 7 张, 5元: 0 张
1元: 7 张, 2元: 4 张, 5元: 1 张
1元: 8 张, 2元: 1 张, 5元: 2 张
1元: 8 张, 2元: 6 张, 5元: 0 张
1元: 9 张, 2元: 3 张, 5元: 1 张
1元: 10 张, 2元: 0 张, 5元: 2 张
1元: 10 张, 2元: 5 张, 5元: 0 张
1元: 11 张, 2元: 2 张, 5元: 1 张
1元: 12 张, 2元: 4 张, 5元: 0 张
1元: 13 张, 2元: 1 张, 5元: 1 张
1元: 14 张, 2元: 3 张, 5元: 0 张
1元: 15 张, 2元: 0 张, 5元: 1 张
1元: 16 张, 2元: 2 张, 5元: 0 张
1元: 18 张, 2元: 1 张, 5元: 0 张
1元: 20 张, 2元: 0 张, 5元: 0 张
共 29 种方法。
>>> |
```

图 3.7　运行结果

进阶：编程给出所用张数最少的方案。

```
a=[1,2,5]
a.sort(reverse=True)
s=eval(input('总钱数:'))
for i in range(len(a)):
    print (a[i],"元:" ,s//a[i], "张")
    s=s-s//a[i] * a[i]
```

如输入总钱数 20 元,运行结果如图 3.8 所示。

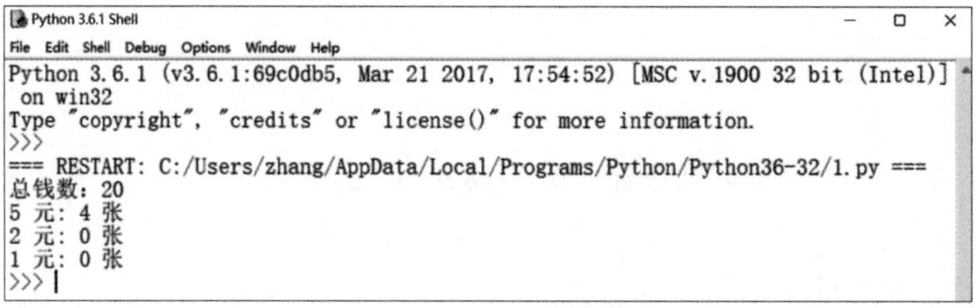

```
Python 3.6.1 Shell
File Edit Shell Debug Options Window Help
Python 3.6.1 (v3.6.1:69c0db5, Mar 21 2017, 17:54:52) [MSC v.1900 32 bit (Intel)]
 on win32
Type "copyright", "credits" or "license()" for more information.
>>>
=== RESTART: C:/Users/zhang/AppData/Local/Programs/Python/Python36-32/1.py ===
总钱数: 20
5 元: 4 张
2 元: 0 张
1 元: 0 张
>>> |
```

图 3.8　运行结果

2. 贪婪算法思想

贪婪算法在每一步选择中都采取在当前状态下最好或最优(即最有利)的选择,从而希望导致结果是最好或最优。此算法不一定能求出最优解。

3. 背包问题

1) 问题描述

有 n 种物品,物品 j 的重量为 w_j,价格为 p_j,背包所能承受的最大重量为 W;限定每种物品只能选择 0 个或 1 个;求解将哪些物品装入背包可使这些物品的重量总和不超过背包重量限制,且价格总和尽可能大。

应用领域:商业、组合数学和密码学等。

2) 思路

采用贪婪算法求解背包问题,通过多步过程来完成背包的装入,在每一步过程中利用贪婪准则选择一个物品装入背包。

3) 算法文字描述

(1) 将背包清空。

(2) 如果背包中的物品重量已达到背包的重量限制,则转(5)。

(3) 否则(即背包中的物品重量未达到背包的重量限制),按照贪婪准则从剩下的物品中选择一个加入背包,转(2)。

(4) 如果找不到这样的物品,则转(5)。

(5) 结束。

4) 贪婪准则

(1) 价格准则:优先选价格高的。

(2) 重量准则:优先选重量轻的。

(3) 价格重量比准则:优先选价格重量比高的。

考虑 $n=3$ 个物品,这 3 个物品的重量和价格分别为 $w=[50,30,20]$,$p=[40,30,30]$,背包的重量限制为 $W=60$。

(1) 价格准则:$x=[1,0,0]$,总价格为 40。

(2) 重量准则:$x=[0,1,1]$,总价格为 60。

(3) 价格重量比准则:$x=[0,1,1]$,总价格为 60。

最优解:重量准则、价格重量比准则,总价格为 60。

贪婪算法每一步作选择时,都是按照某种标准采取在当前状态下最有利的选择,以期望获得较好的解。贪婪算法效率较高,但并非在任何情况下都能找到问题的最优解。

3.3 计算机问题求解实例

3.3.1 排序

所谓排序,就是使一串记录,按照其中的某个或某些关键字的大小,递增或递减排列起来的操作。排序算法就是如何使得记录按照要求排列的方法。排序算法在很多领域有广泛应用,尤其在大量数据的处理方面。排序算法有很多,比较经典的有冒泡排序、选择排序、快速排序等。

1. 冒泡排序

冒泡排序思想：相邻数两两比较,满足条件,互换位置。

规律：n 个数需要比较 $n-1$ 趟,第 j 趟比较 $n-1-j$ 次。

n 个元素的列表 a 排序过程代码:

```
for j in range(n-1):
    for i in range(n-1-j):
        if (a[i]>a[i+1]):
            t=a[i]
            a[i]=a[i+1]
            a[i+1]=t
```

算法复杂度分析:

最佳情况——数据序列的初始状态为"正序"。$n(n-1)/2$ 次比较,无须交换数据。

最坏情况——数据序列的初始状态为"逆序"。$n(n-1)/2$ 次比较、$n(n-1)/2$ 次交换。

时间复杂度为 $O(n^2)$。

例 3-1 某期班 7 名学员某科目飞行训练成绩列表为 a＝[90,75,80,95,65,70,85],请用冒泡排序方法将成绩排序。参考代码如下:

```
a=[90,75,80,95,65,70,85]
n=len(a)
for  j in range(n-1):
     for i in range(n-1-j):
         if (a[i]>a[i+1]):
             t=a[i]
             a[i]=a[i+1]
             a[i+1]=t
print("排好序的成绩列表为:",a)
```

2. 选择排序

算法思想：从头到尾扫描所有的 n 个元素,从中找出最小或最大的元素并和第一个元素进行交换,然后从除第一个以外的 $n-1$ 个元素中扫描,找出最小或最大的元素并和第一个($n-1$ 个中)元素进行交换,不断迭代此操作剩下的元素,最终就是一个有序的序列。

实现原理：以[54,226,93,17,77,31,44,55,20]为例。

首先我们认为第一个元素为最小元素,然后从列表中找到最小元素,并与第一个元素替换:

[17,226,93,54,77,31,44,55,20]

然后接着假设第二个为最小,再从列表中寻找最小元素进行替换:

[17,20,93,54,77,31,44,55,226]

以此类推:

[17,20,31,54,77,93,44,55,226]
[17,20,31,44,77,93,54,55,226]
[17,20,31,44,54,93,77,55,226]
[17,20,31,44,54,55,77,93,226]
[17,20,31,44,54,55,77,93,226]

参考代码如下：

```
def selectionSort(a):
    for i in range(len(a) - 1):
        #记录最小数的索引
        minIndex = i
        for j in range(i + 1, len(a)):
            #print("内层索引为j",j)
            if a[j] < a[minIndex]:
                minIndex = j
        #i 不是最小数时,将 i 和最小数进行交换
        if i != minIndex:
            a[i], a[minIndex] = a[minIndex], a[i]
    return a
a = [3,44,2,7,67,57,21]
a = selectionSort(a)
print(a)
```

选择排序时间复杂度为 $O(n^2)$。

3.3.2 递归

1. 引入

有 5 个学生坐在一起,问第 5 个学生多少岁? 他说比第 4 个学生大 2 岁;问第 4 个学生岁数,他说比第 3 个学生大 2 岁;问第 3 个学生,又说比第 2 个学生大 2 岁;问第 2 个学生,说比第 1 个学生大 2 岁;最后问第 1 个学生,他说是 10 岁。请问第 5 个学生多大?

分析：

```
age(5)=age(4)+2
age(4)=age(3)+2
age(3)=age(2)+2
age(2)=age(1)+2
age(1)=10
```

建立关于年龄的函数模型：

$$age(n)=\begin{cases}10 & (n=1)\\ age(n-1)+2 & (n>1)\end{cases}$$

参考代码:

```
def age(n):
    if n==1:
        return 10
    else:
        return age(n-1)+2
print("第5个人的年龄是:",age(5))
```

在定义函数的同时,又调用了函数本身,这就是递归。

2. 递归

定义:在函数内部直接或间接调用自己的函数称为递归函数,如

$$f(x)=x \cdot f(x-1)$$

主要思想:把问题转化为规模缩小了的同类问题的子问题加以解决。

设计要点:将复杂问题转化为同类子问题,规模极小时,直接给出解,作为"出口"。

优点:思路简洁,清晰。

缺点:递归函数执行时空间开销大。

3. 汉诺塔(Hanoi)问题

在印度,有一个古老的传说:在世界中心贝拿勒斯(在印度北部)的圣庙里,一块黄铜板上插着3根宝石针。印度教的主神梵天在创造世界的时候,在其中一根针上从下到上穿好了由大到小的64个金盘,这就是所谓的汉诺塔。不论白天黑夜,总有一个僧侣在按照下面的法则移动这些金盘:一次只移动一个金盘,不管在哪根针上,小金盘必须在大金盘上面。当所有的金盘都从梵天穿好的那根针上移到另外一根针上时,看需多长时间。这就是有名的"汉诺塔"问题,是一个典型的递归问题,如图3.9所示。

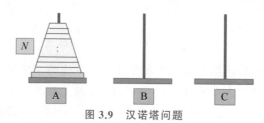

图3.9 汉诺塔问题

将 N 个金盘从 A 移到 C,借助 B,可划分为以下3步:

(1)将 $N-1$ 个金盘从 A 移到 B,借助 C。

(2)将 A 上的金盘移到 C。

(3)将 $N-1$ 个金盘从 B 移到 C,借助 A。

将汉诺塔问题写成递归函数 hanoi,参考代码如下:

```
def hanoi(n, from_, with_, to_):
    if n==1:
        print("%s———>%s"%(from_,to_))
```

```
    else:
        hanoi(n-1, from_, to_, with_)
        print("%s——>%s"%(from_,to_))
        hanoi(n-1, with_, from_, to_)
```

假设有 3 个金盘,则用以下调用语句实现。

```
hanoi(3,"A","B","C")
```

现对汉诺塔问题进行时间复杂度分析。对于 n 个金盘,共需移动 2^n-1 次,即 $T(n)=2^n-1$。对于 64 个金盘,$T(64)=18446744073709551615$ 次。假设每秒移动一次,也需要 5845 亿年以上。

4. 举例

例 3-2　用递归算法求 $n!$。$n!=\begin{cases}1 & n=1 \\ n\cdot(n-1)! & n>1\end{cases}$

```
def f(n):
    if(n==1):
        v=1
    else:
        v=n * f(n-1)
    return v
n=eval(input('请输入自然数 n:'))
print('n!=',f(n))
```

3.4　航空飞行训练成绩分析与统计

本节在 2.7 节航空飞行训练成绩管理系统设计与实现的基础上,继续完善系统功能,实现学员信息的批量录入,增加成绩分析与统计模块。

3.4.1　系统功能

(1) 按需批量录入学员信息,继续录入时输入 Y 或 y,结束录入时输入 N 或 n。运行参考图 3.10。

(2) 实现按学员学号升序排列或按学员训练成绩降序排列。运行参考图 3.11。

(3) 飞行训练成绩采用十分制,规定飞行训练成绩≥9,等级为优秀;7≤飞行训练成绩<9,等级为良好;6≤飞行训练成绩<7,等级为合格;飞行训练成绩<6,等级为不合格。请统计各等级人数。运行参考图 3.12。

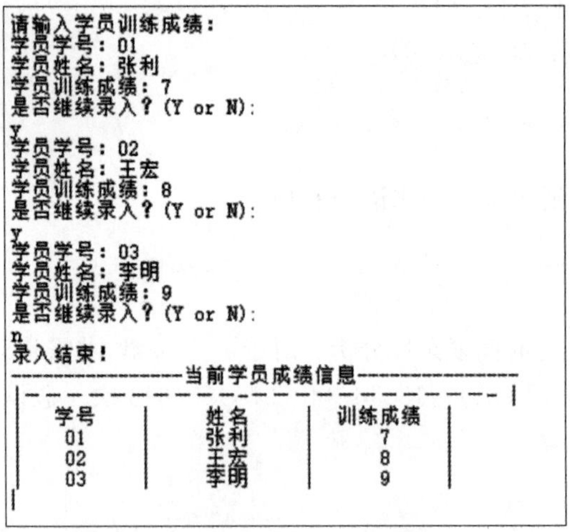

```
请输入学员训练成绩：
学员学号：01
学员姓名：张利
学员训练成绩：7
是否继续录入？(Y or N)：
y
学员学号：02
学员姓名：王宏
学员训练成绩：8
是否继续录入？(Y or N)：
y
学员学号：03
学员姓名：李明
学员训练成绩：9
是否继续录入？(Y or N)：
n
录入结束！
————————————当前学员成绩信息————————————
|  学号     |  姓名      |  训练成绩       |
|  01       |  张利      |       7         |
|  02       |  王宏      |       8         |
|  03       |  李明      |       9         |
|
```

图 3.10　批量录入信息

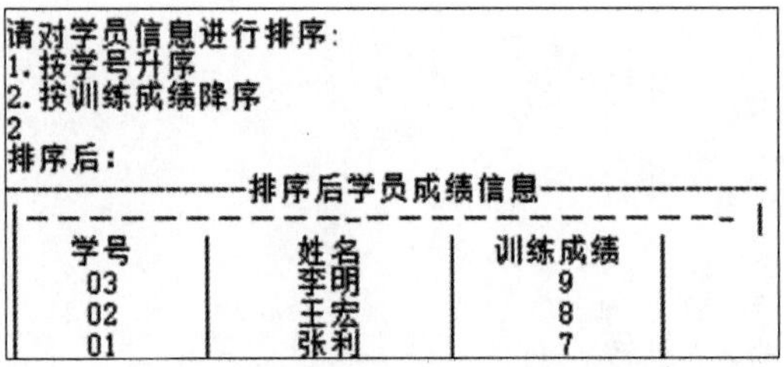

```
请对学员信息进行排序：
1. 按学号升序
2. 按训练成绩降序
2
排序后：
————————————排序后学员成绩信息————————————
|  学号     |  姓名      |  训练成绩       |
|  03       |  李明      |       9         |
|  02       |  王宏      |       8         |
|  01       |  张利      |       7         |
```

图 3.11　学员信息排序

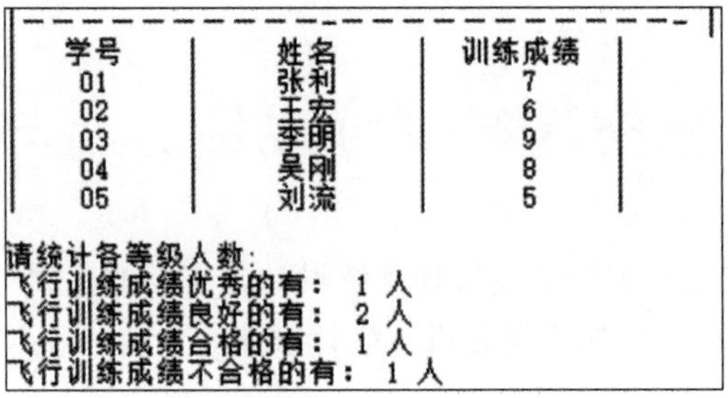

```
————————————————————————————————————————
|  学号     |  姓名      |  训练成绩       |
|  01       |  张利      |       7         |
|  02       |  王宏      |       6         |
|  03       |  李明      |       9         |
|  04       |  吴刚      |       8         |
|  05       |  刘流      |       5         |
请统计各等级人数：
飞行训练成绩优秀的有：  1 人
飞行训练成绩良好的有：  2 人
飞行训练成绩合格的有：  1 人
飞行训练成绩不合格的有： 1 人
```

图 3.12　成绩统计

3.4.2　功能实现

```python
#定义学员类
class STU :
    def __init__(self,no,name,grade):
        self.xh = no
        self.xm = name
        self.cj = grade
    def PrintInfo(self):
```

```python
        print("|   ",self.xh,"     |   ",self.xm,"     |   ",self.cj,"   |")
#创建学员对象表,实现批量录入
a=[ ]
print("请输人学员训练成绩:")
while (1):
    no=input("学员学号:")
    name=input("学员姓名:")
    grade=eval(input("学员训练成绩:"))
    a0 = STU(no,name,grade)
    a.append(a0)
    print("是否继续录入?(Y or N):")
    letter=input()
    if  letter!='y' and letter!="Y":
        print("录入结束!")
        break
#显示学员信息
print("----------------当前学员成绩信息----------------")
print("|———————————-——————————————- |")
print("|  学号   |   姓名    |  训练成绩  |")
for i  in range(len(a)):
    a[i].PrintInfo()
#学员排序
input()
print("请对学员信息进行排序:")
print("1.按学号升序")
print("2.按训练成绩降序")
m=input()
#按学号升序排列
if(m=='1'):
    for j in range(len(a)):
        for i in range(len(a)-1-j):
            if  a[i].xh>a[i+1].xh:
                a[i],a[i+1]=a[i+1],a[i]
#按训练成绩降序排列
if(m=='2'):
    for j in range(len(a)):
        for i in range(len(a)-1-j):
            if  a[i].cj< a[i+1].cj:
                a[i],a[i+1]=a[i+1],a[i]
#输出排序后的信息
print("排序后:")
print("---------------排序后学员成绩信息---------------")
print("|———————————-——————————————- |")
print("|  学号   |   姓名    |  训练成绩  |")
for i  in range(len(a)):
    a[i].PrintInfo()
#飞行训练成绩统计
input()
```

```
print("请统计各等级人数:")
m=0
n=0
p=0
q=0
for i  in range(len(a)):
    if a[i].cj>=9:
        m=m+1
    elif a[i].cj>=7:
        n=n+1
    elif a[i].cj>=6:
        p=p+1
    else:
        q=q+1
print("飞行训练成绩优秀的有:",m,"人")
print("飞行训练成绩良好的有:",n,"人")
print("飞行训练成绩合格的有:",p,"人")
print("飞行训练成绩不合格的有:",q,"人")
```

3.5　本章小结

本章介绍了计算思维的概念,并围绕计算思维的核心——抽象和自动化,介绍了计算机问题求解的步骤、算法分析与设计以及查找、穷举、贪婪、排序、递归等典型算法,通过问题求解的部分实例,展现了计算思维及其过程。

习　题　3

(一)

1. 下列程序共输出(　　)个值。

```
age=23
start=2
if age%2!=0:
    start=1
for  x  in  range(start,age+2,2):
    print(x)
```

  A. 10　　　　　　　　B. 11　　　　　　　　C. 12　　　　　　　　D. 13

2. 下面程序的运行结果为(　　)。

```
def swap(lis):
    temp=lis[0]
```

```
    lis[0]=lis[1]
    lis[1]=temp
list1=[1,2]
swap(list1)
print(list1)
```

A. [2,1]   B. [1,2]

C. (1,2)   D. (2,1)

3. 一个栈的初始状态为空,现将元素 1,2,3,A,B,C 依次入栈,然后再依次出栈,则元素出栈的顺序是(   )。

A. 1,2,3,A,B,C   B. C,B,A,1,2,3

C. C,B,A,3,2,1   D. 1,2,3,C,B,A

4. 下列叙述错误的是(   )。

A. 数据结构中的数据元素不能是另一数据结构

B. 数据结构中的数据元素可以是另一数据结构

C. 空数据结构可以是线性结构也可以是非线性结构

D. 非空数据结构可以没有根节点

5. 流程图 3.13 的功能是(   )。

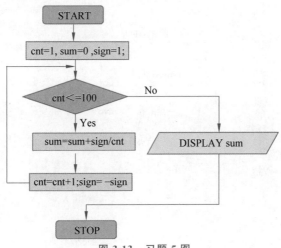

图 3.13   习题 5 图

A. 计算 1 到 100 的累加和

B. 计算 $1+1/2+1/3\cdots+1/100$ 的值

C. 计算 $1-1/2+1/3-1/4\cdots-1/100$ 的值

D. 计算 $1-2+3-4\cdots-100$ 的值

6. 流程图 3.14 的功能是(   )。

A. 求两个数的最大公约数   B. 求两个数的最小公倍数

C. 求两个数是否素数   D. 求两个数的最大值

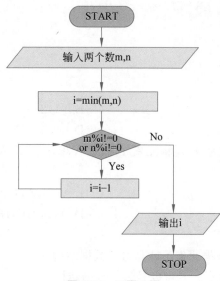

图 3.14 习题 6 图

7. 流程图 3.15 的功能是( )。

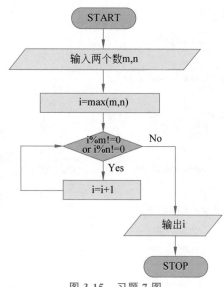

图 3.15 习题 7 图

A. 求两个数的最大公约数　　　　B. 求两个数的最小公倍数

C. 求两个数是否素数　　　　　　D. 求两个数的最大值

8. 下列叙述中正确的是( )。

A. 一个算法的空间复杂度大,则其时间复杂度也肯定大

B. 一个算法的空间复杂度大,则其时间复杂度必定小

C. 一个算法的时间复杂度大,则其空间复杂度必定小

D. 算法的时间复杂度和空间复杂度没有直接关系

大学计算机基础——基于混合式学习

9. 一个队列的初始状态为空。现将元素 A、B、C、D、E、3、1、5、4、2 依次入队，然后再依次出队，则元素出队的顺序是(   )。

    A. 24513EDCBA   B. EDCBA31542   C. ABCDE31542   D. 21543EDCBA

10. 对于计算思维，下列说法错误的是(   )。

    A. 计算思维是计算机科学家独有的思维方式

    B. 计算思维是一种借助于计算能力进行问题求解的思维和意识

    C. 计算思维并不是继逻辑思维和形象思维以后的人类思维的第三种形态

    D. 计算思维的产生与信息社会发展的时代背景有关，工具影响我们的思维方式

11. 有一些数，除以 10 余 7，除以 7 余 4，除以 4 余 1，求满足条件的最小正整数。

12. 分别用定义法和辗转相除法求两个数的最大公约数和最小公倍数。

习题 3(一)参考答案

(二)

13. 以下程序的运行结果是(   )。

```
s=0
i=1
while i<7:
    if(i%3!=0):
        s=s+i
    i=i+2
print(s)
```

    A. 12   B. 1   C. 7   D. 6

14. 以下 Python 源代码的输出结果是(   )。

```
x = 10
while x:
    x-=1
    if not x%2:
        print(x,end='')
print(x)
```

    A. 975311   B. 97531   C. 864200   D. 86420

15. 以下 Python 源代码的输出结果是(   )。

```
for i in range(3):
    for s in "abcd":
        if s=="c":
            break
        print(s, end="")
```

    A. abcabcabc   B. aaabbbccc   C. aaabbb   D. ababab

16. 以下 Python 源代码的输出结果是（　　　）。

```python
ls1 = [1,2,3,4,5]
ls2 = [3,4,5,6,7,8]
cha1 = []
for i in ls2:
    if i not in ls1:
        cha1.append(i)
print(cha1)
```

    A. (6，7，8)　　　　B. [6，7，8]　　　　C. (1，2，6，7，8)　　D. [1，2，6，7，8]

17. 执行以下程序，输入 qp，输出结果是（　　　）。

```python
k = 0
while True:
    s = input('请输入 q 退出:')
    if s == 'q':
        k += 1
        continue
    else:
        k += 2
        break
print(k)
```

    A. 2　　　　　　　　　　　　　　B. 请输入 q 退出：

    C. 3　　　　　　　　　　　　　　D. 1

18. 穷举法的适用范围是（　　　）。

    A. 解的个数无限的问题　　　　　　B. 解的个数有限且可一一列举

    C. 一切问题　　　　　　　　　　　D. 不适合设计算法

19. 下面代码的输出结果是（　　　）。

```python
for s in "HelloWorld":
    if s=="W":
        continue
    print(s,end="")
```

    A. Helloorld　　　　B. HelloWorld　　　　C. World　　　　　D. Hello

20. 下面代码的运行结果是（　　　）。

```python
def func(num):
    num += 1
a =10
func(a)
print(a)
```

    A. 10　　　　　　　B. int　　　　　　C. 11　　　　　　　D. 错误

21. 关于贪婪法,下列叙述中错误的是(　　)。

A. 贪婪法所做出的选择只是在某种意义上的局部最优选择

B. 选择最优度量标准是使用贪婪法的核心

C. 贪婪法无法求得问题的最优解

D. 贪婪法的时间效率比穷举法高

22. 以下程序的运行结果是(　　)。

```
L=[1,2]
i=1
while i<10:
    c=L[i]+L[i-1]
    L.append(c)
    i=i+1
print(L[5])
```

A. 5　　　　　　　　B. 8　　　　　　　　C. 13　　　　　　　　D. 21

23. 小明有 100 元的购物卡,到超市买 3 类洗化用品:洗发水(15 元)、香皂(2 元)、牙刷(5 元)。要把 100 元正好花掉,可有哪些购买组合?

24. 求 100 以内所有素数之和。

习题 3(二)参考答案

（三）

25. 以下关于递归算法的说法,错误的是(　　)。

A. 递归算法的本质是分治法,将大问题分解为小问题,逐次减少问题的规模,从而得到求解结果

B. 递归算法非常简洁,但有些程序设计语言不支持递归算法

C. 必须有递归结束条件,即递归出口

D. 递归算法是一个运算最快的算法

26. 对长度为 10 的线性表进行冒泡排序,最坏情况下需要比较的次数为(　　)。

A. 9　　　　　　　　B. 10　　　　　　　　C. 45　　　　　　　　D. 90

27. 下列说法中正确的是(　　)。

A. break 用在 for 语句中,而 continue 用在 while 语句中

B. break 用在 while 语句中,而 continue 用在 for 语句中

C. continue 能结束循环,而 break 只能结束本循环

D. break 能结束循环,而 continue 只能结束本循环

28. 关于冒泡排序,下列说法不正确的是(　　)。

A. 冒泡排序算法的时间复杂度为 $O(n^2)$

B. 冒泡排序每一遍都选出最小的数,因此属于选择类排序

    C. 冒泡排序属于标准交换分类

    D. 冒泡排序在最好情况下可以不进行任何交换

29. 著名的汉诺(Hanoi)塔问题通常是用(   )解决。

    A. 递归法   B. 迭代法   C. 穷举法   D. 查找法

30. 有5个人,第5个人比第4个人大2岁,第4个人比第3个人大2岁,第3个人比第2个人大2岁,第2个人比第1个人大2岁,第1个人说他10岁。求第5个人多少岁? 如果 age(n)为第 n 个人的岁数,此函数可如下定义(   )。

    A. 当 $n=5$,age(n)=2

        当 $n>=1$,age(n)=age(n-1)+2

    B. 当 $n=1$,age(n)=10

        当 $n>1$ 时,age(n)=age(n-1)+2

    C. 当 $n>=1$,age(n)=age(n-1)+2

    D. 当 $n=5$,age(n)=10

        当 $n>=1$,age(n)=age(n+1)-2

31. 以下程序的运行结果是(   )。

```
s=0
i=2
while i<17:
    if(i%4==0):
        s=s+i
    i=i+2
print(s)
```

    A. 40   B. 64   C. 0   D. 24

32. 下列程序执行后,y 的值是(   )。

```
def f(x,y):
    return x**2+y**2
y=f(f(1,3),5)
```

    A. 100   B. 125   C. 35   D. 9

33. 以下哪个循环次数与其他3个不相等? (   )

    A. i=0   B. for i in range(0,3):

        while i<=3:

        i+=1

    C. for i in (0,1,2):   D. for i in range(3):

34. 关于 Python 注释,以下选项中描述错误的是(   )。

    A. Python 注释语句不被解释器过滤掉,也不被执行

    B. 注释可以辅助程序调试

    C. 注释用于解释代码原理或者用途

D. 注释可用于标明作者和版权信息

35. 任意输入 10 个不相等的数,用冒泡排序进行升序排列。

36. 用递归法求 $n!$。

37. 一个人赶着鸭子去每个村庄卖,每经过一个村子卖去所赶鸭子的一半又一只。这样他经过了 7 个村子后还剩 2 只鸭子,问他出发时共赶多少只鸭子?

习题 3(三)参考答案

拓 展 提 高

古罗马凯撒大帝发明凯撒密码来对军事情报进行加解密。它是一种替换加密的技术,明文中的所有字母都在字母表上向后(或向前)按照一个固定数目进行偏移后被替换成密文。例如,当偏移量是 3 的时候,所有的字母 A 将被替换成 D,B 变成 E,以此类推,小写字母和数字也一样处理,其他字符不作任何改变,如图 3.16 所示。

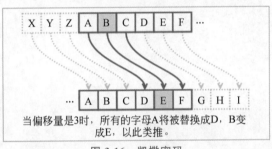

图 3.16 凯撒密码

假如有这样一条指令:

```
this is a secret.
```

用凯撒密码加密后就成为

```
wklv lv d vhfuhw.
```

假设并不知道偏移量,需要对所有可能的偏移量进行试验,以进行解密,称为暴力破解。已知密码情报,请使用暴力破解方式尝试编程输出所有可能的明文。

第 3 章拓展提高参考答案

课 外 资 料

Python 绘图

1. 使用 turtle 画图

turtle 绘图是 python 中引入的一个简单绘图工具,利用 turtle 模块绘图又被称为海龟作图,因为绘图过程可以看作是一个小海龟行走的轨迹。海龟就像是屏幕上的画笔,屏幕就是画布。

下面是画心形的一段代码。

```
from turtle import *
#建立一个画布,建立好画布之后才能够在上面作画
setup(500,500)
#选择绘画笔的颜色和填充颜色
pencolor('pink')
fillcolor('red')
#先将开始和结束的代码写上去
begin_fill()
end_fill()
#填写中间的代码
left(140)
forward(111.65)
for i in range(200):
    right(1)
    forward(1)
left(120)
for i in range(200):
    right(1)
    forward(1)
forward(111.65)
#将画笔放下,然后将画笔隐藏起来
hideturtle()
done()
```

运行结果如图 3.17 所示。

图 3.17　运行结果

2. 使用 matplotlib 画图

matplotlib 是 Python 中非常实用的一个模块,可以使用 matplotlib 绘制各种各样的图形,比如折线图、散点图、直方图、条形图、饼图、雷达图等。

实例 4　绘制 $f(x) = \sin(x)$ 的函数曲线(见图 3.18)。

```
import numpy as np
import matplotlib.pyplot  as plt
x = np. linspace(-np.pi, np.pi, 100)
y = np. sin(x)
plt.plot(x,y)
plt.grid('on')
plt.show()
```

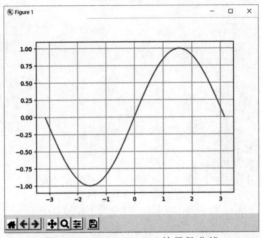

图 3.18　$f(x) = \sin(x)$ 的函数曲线

实例 5　根据表 3.1 中的实验数据,绘制 y 与 x 的函数关系图。

表 3.1　y 与 x 的数据表

x	0	0.69	1.39	2.09	2.79	3.49	4.18	4.88	5.58	6.28
y	0	0.64	0.98	0.86	0.34	−0.34	−0.86	−0.98	−0.64	0

```
import matplotlib.pyplot  as plt
plt.grid('on')                          #添加网格
x = [0, 0.69, 1.39, 2.09, 2.79, 3.49, 4.18, 4.88, 5.58, 6.28]
y = [0, 0.64, 0.98, 0.86, 0.34, -0.34, -0.86, -0.98, -0.64, 0]
plt.plot(x,y)
plt.show()
```

实例 6　弹道轨迹绘制

假设轰炸机在 $h = 3km$ 的高空,以 $v_0 = 200m/s$ 的速度水平匀速飞行,到达 A 点时投下一枚无动力炸弹,建立如图 3.19 所示坐标系,不考虑空气阻力,请绘制炸弹运动轨迹

$(g = 9.8 \text{m/s}^2)$。

1）画点（见图3.19）

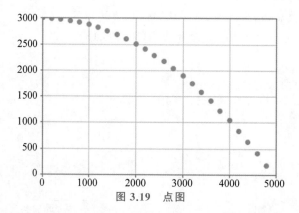

图 3.19　点图

```
import matplotlib.pyplot as plt
g=9.8
h=3000
v0=200
t=0
while t<25:
    xt=v0*t
    yt=h-1/2*g*t*t
    plt.plot(xt,yt,'ro')
    t=t+1
plt.grid('on')              #显示网格线
plt.axis([0,5000,0,h])      #设置坐标轴范围
plt.show()                  #显示图形
```

2）画线（见图3.20）

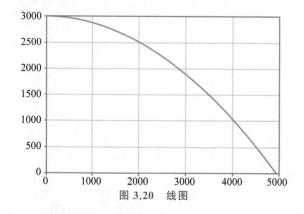

图 3.20　线图

```
import matplotlib.pyplot as plt
h, v0, g = 3000, 200, 9.8
n = 30
```

```
xt, yt = [], []
tmax = (2 * h/g)**0.5
delta = tmax/(n-1)
for i in range(n):
    t = delta * i
    xt.append(v0 * t)
    yt.append(h-1/2 * g * t**2)
plt.plot(xt,yt,'r-')
plt.grid('on')
plt.axis([0, 5000, 0, h])
plt.show()
```

第 4 章 信息、编码与数据的表示

从 20 世纪中叶,特别是 20 世纪 70 年代以来人类社会进入了信息时代。信息社会 (Information Society) 又称信息化社会,是指工业化社会之后,信息起主要作用的社会。在农业和工业社会中,物质和能源是主要资源,所从事的是大规模的物质生产。在信息社会中,信息成为比物质和能源更为重要的资源,以开发和利用信息资源为目的的信息经济活动迅速扩大,并逐渐成为国民经济活动的主要内容。对信息进行处理的基础是信息的表示。本章介绍信息、编码与数据的表示,首先介绍信息和信息熵的概念及信息量的度量方法,然后介绍计算机内部所用的二进制,接下来是数值信息的数字化表示和声音、图像及视频等非数值信息的数字化表示。

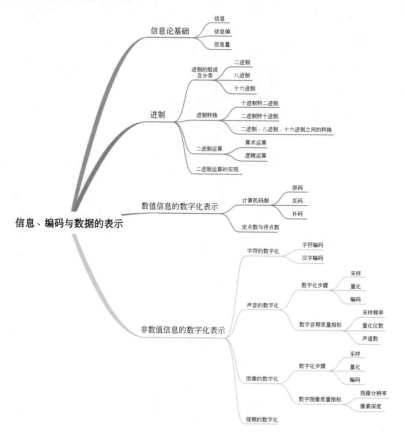

学习任务单（一）

一、学习指南	
章节名称	第 4 章 信息、编码与数据的表示 4.1 信息论基础 4.2 进制
学习目标	(1) 能描述信息的概念、信息量的数学表达。 (2) 能阐述二进制、十进制、十六进制数的概念。 (3) 能正确表示数的二进制、十进制、十六进制形式。 (4) 会进行二进制数的算术运算与逻辑运算。
学习内容	(1) 信息论基础。 (2) 进制。
重点与 难点	重点：二进制、十进制、十六进制之间的转换方法；二进制的算术运算、逻辑运算法则。 难点：二进制、十进制、十六进制之间的转换方法。
二、学习任务	
线上自学	中国大学 MOOC 平台"大学计算机基础"。 自主观看以下内容的视频："第三单元 信息表示与编码（一）"。
研讨问题	(1) 某离散信源由 0、1、2、3 共 4 个符号组成，它们出现的概率分别为 3/8、1/4、1/4 和 1/8，且每个符号的出现都是独立的。试求以下 57 位消息的信息量： 20102013021300120321010032101002310200201031203210012 0210。 (2) 讨论：计算机为什么采用二进制？ (3) 写出十进制数 61 的二进制、八进制、十六进制表示。 (4) 二进制运算：①1001＋10101；②1101－110；③1101×11；④110110÷101； ⑤10110110∧11101001；⑥10110110∨10100001；⑦¬10110110； ⑧10110110⊕11010111。
三、学习测评	
内容	习题 4（一）

学习任务单(二)

章节名称	第 4 章 信息、编码与数据的表示 4.3 数值信息的数字化表示
学习目标	(1) 能正确表示数的原码、反码与补码。 (2) 能给出定点数与浮点数的表示方法。 (3) 能阐述字长与表示精度和表示范围的关系。
学习内容	(1) 计算机码制。 (2) 定点数与浮点数。
重点与 难点	重点:原码和补码的表示方法;定点数和浮点数的表示方法。 难点:补码、浮点数的表示方法。

二、学习任务

线上自学	中国大学 MOOC 平台"大学计算机基础"。 自主观看以下内容的视频:"第三单元 信息表示与编码(二)"。
研讨问题	(1) 假定机器数为 8 位,写出 $+19$ 和 -19 的原码、反码和补码表示。 (2) 当机器字长为 8 位二进制数时,采用补码计算 $X+Y$ 和 $X-Y$,其中 $X=73,Y=52$。

三、学习测评

内容	习题 4(二)

学习任务单（三）

一、学习指南	
章节名称	第 4 章 信息、编码与数据的表示 4.4 非数值信息的数字化表示
学习目标	（1）能解释说明字符和汉字的编码方法。 （2）能描述声音、图像、视频的数字化过程。
学习内容	字符、声音、图像和视频的数字化。
重点与 难点	重点：字符与汉字的编码；声音、图像、视频的数字化过程。 难点：声音、图像的数字化过程。

二、学习任务	
线上自学	中国大学 MOOC 平台"大学计算机基础"。 自主观看以下内容的视频："第三单元 信息表示与编码（三）"。
研讨问题	（1）图 4.1 为一段模拟声音信号的振幅曲线图，横坐标为时间，纵坐标为振幅，写出该段声音采用 4 位二进制编码方式的数据，并填入表 4.1。 图 4.1 声音信号的振幅曲线 表 4.1　二进制编码表 （2）若对音频信号以 10kHz 采样率、16 位量化精度进行数字化，则每分钟的双声道数字化声音信号产生的数据量约为多少？ （3）一幅分辨率为 640×480、像素深度为 24 的图像，其数据量为多少？

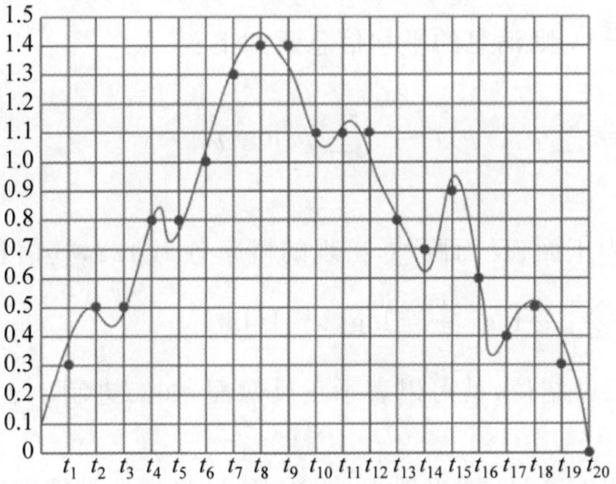

研讨问题区域中的图表：

图 4.1　声音信号的振幅曲线

表 4.1　二进制编码表

时刻	二进制编码
t_1	
t_2	
t_3	
t_4	
t_5	
t_6	
t_7	

三、学习测评	
内容	习题 4（三）

4.1　信息论基础

当今社会已进入信息时代,计算机是人类进入信息时代的基础和重要标志。什么是信息? 关于信息的定义有很多版本,例如,信息,指音讯、消息、通信系统传输和处理的对象,泛指人类社会传播的一切内容。信息是对人有用、能够影响人的行为的数据。

1948 年,美国数学家、信息论的创始人香农(Claude Elwood Shannon)在题为"通信的数学理论"的论文中指出:"信息是用来消除随机不确定性的东西"。信息是事物运动状态或存在方式的不确定性的描述,即信息是确定性和非确定性、预期和非预期的组合。

信息量的大小与其消除不确定性的程度有关。事件的不确定程度可以用出现的概率来描述,概率越大,则信息量越小;概率越小,则信息量越大。确定性为 100% 的事件,信息量为 0。香农提出了信息量的度量方法。

自信息量:一个事件(消息)本身所包含的信息量。

自信息量公式:$I(x) = -\log_a P(x)$

$a = 2$,自信息量的单位称为比特(bit);

$a = e$,自信息量的单位称为奈特(nat);

$a = 10$,自信息量的单位称为哈特莱(Hartley)。

设信源 S,发出消息来自集合 $\{x_1, x_2, \cdots, x_n\}$,分别对应概率 $p_1, p_2, \cdots, p_n$,其中 $p_i \geqslant 0 (i = 1, 2, \cdots, n)$,且 $\sum\limits_{i=1}^{n} p_i = 1$,则消息的平均信息量如下:

$$H(S) = \sum_{i=1}^{n} p_i I(p_i) = -\sum_{i=1}^{n} p_i \log_2 p_i$$

$H(S)$ 称为信源 S 的信息熵。

例 4-1　抛一枚硬币的结果为正面、反面两种,出现的概率各为 $1/2$,其信息熵如下:

$$H = -\sum_{i=1}^{2} \frac{1}{2} \log_2 \frac{1}{2} = \log_2 2 = 1 (\text{bit})$$

信息熵 1bit,意味着用 1 个二进制位,就可以表示正反两面,如二进制 1 表示正面,二进制 0 表示反面。

例 4-2　投掷一枚骰子的结果有 6 种,即出现 $1 \sim 6$ 个点,且出现每种情况的概率均为 $1/6$,其信息熵如下:

$$H = -\sum_{i=1}^{6} \frac{1}{6} \log_2 \frac{1}{6} = \log_2 6 \approx 2.585 (\text{bit})$$

信息熵约 2.585bit,意味着需要用 3 个二进制位来表示 $1 \sim 6$ 个点,如图 4.2 所示。

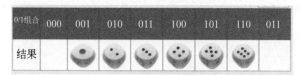

0/1组合	000	001	010	011	100	101	110	011
结果								

图 4.2　一枚骰子的二进制表示

例 4-3 某离散信源由 0、1、2、3 共 4 个符号组成,它们出现的概率分别为 3/8、1/4、1/4 和 1/8,且每个符号的出现都是独立的。试求以下消息的信息量:

201020130213001203210100321010023102002010312032100120210

解:

$$H = -\frac{3}{8}\log_2\frac{3}{8} - \frac{1}{4}\log_2\frac{1}{4} - \frac{1}{4}\log_2\frac{1}{4} - \frac{1}{8}\log_2\frac{1}{8} = 1.906(\text{bit})$$

$$I = 57 \times 1.906 = 108.64(\text{bit})$$

总结: 一切信源发出的消息或信号都可以用 0 和 1 的组合来描述。具体需要用多少个 0 或 1 来编码取决于信息熵的大小。

4.2 进 制

4.2.1 进制的组成及分类

进制的组成:

(1) 一个有穷的基本符号集,对于 R 进制,其中的数字符号恰好为 R 个。

(2) 一组由基本符号形成字符串的语法规则。

(3) 一组解释合法字符串的语义规则。

(4) 一组定义在合法字符串集合上的基本运算。

1. 二进制

基本符号:0、1、+、−。

语法规则:整数部分,以+或−号开始后跟 0 或 1 的字符组成的字符串。

小数部分,以"."开始后跟 0 或 1 字符组成的字符串。

语义规则:按"逢二进一"的规则计数。

2. 八进制

基本符号:0、1、2、3、4、5、6、7、+、−。

语法规则:+|−[0-7] * (.[0-7][0-7] *)。

语义规则:按"逢八进一"的规则计数。如 $(474)_8 = 4 \times 8^2 + 7 \times 8^1 + 4 \times 8^0 = (316)_{10}$。

3. 十六进制

基本符号:0、1、2、3、4、5、6、7、8、9、A、B、C、D、E、F、+、−。

语法规则:+|−[0-9|A-F] * (.[0-9|A-F][0-9|A-F] *)

语义规则:按"逢十六进一"的规则计数。

4.2.2 进制转换

1. 二进制向十进制的转换

转换方法:按位权展开并求和。

$$(N)_2 = (d_{n-1}d_{n-2}\cdots d_1 d_0.d_{-1}d_{-2}\cdots d_{-m})_2$$
$$= d_{n-1}2^{n-1} + d_{n-2}2^{n-2} + \cdots d_1 2^1 + d_0 2^0 + d_{-1}2^{-1} + d_{-2}2^{-2} + \cdots + d_{-m}2^{-m}$$
$$= \sum_{i=-m}^{n-1} d_i 2^i$$

2. 十进制向二进制的转换

（1）整数的转换方法：除 2 取余法。例如，将十进制数 61 转换为二进制数。

所以，$(61)_{10} = (111101)_2$。

（2）小数的转换方法：乘 2 取整法。例如，将十进制小数 0.65625 转换为二进制数。

所以，$(0.65625)_{10} = (0.10101)_2$。

注意：十进制小数向二进制转换时，并不一定都能等值转换，有很多是存在误差的。例如，将十进制小数 0.32 转换为二进制数：$(0.32)_{10} \approx (0.0101)_2$。

3. 二进制与八进制、十六进制之间的转换

1 位八进制能表示 0～7 的 8 个数值，所以 1 位八进制对应 3 位二进制数值；1 位十六进制表示 0～15 的 16 个数值，所以 1 位十六进制对应 4 位二进制数。

二进制数转换成八进制数时，3 位压缩成 1 位；二进制数转换成十六进制数时，4 位压缩成 1 位；八进制数转换成二进制数时，1 位展开成 3 位；十六进制数转换成二进制数时，1 位展开成 4 位。根据需要，整数部分高位补 0，小数部分低位补 0。例如：

$$(1010010101.10111)_2 = (\ 1\quad 010\quad 010\quad 101.101\quad 11\ )_2$$
$$= (001\quad 010\quad 010\quad 101.101\quad 110)_2$$
$$= (\ 1\quad 2\quad 2\quad 5.\ 5\quad 6\ )_8$$
$$(1010010101.10111)_2 = (\ 10\quad 1001\quad 0101.1011\quad 1)_2$$
$$= (0010\quad 1001\quad 0101.1011\quad 1000)_2$$
$$= (\ 2\quad 9\quad 5.\ B\quad 8\ )_{16}$$
$$(175.206)_8 = (\ 1\quad 7\quad 5.2\quad 0\quad 6\ )_8$$
$$= (001\quad 111\quad 101.010\quad 000\quad 110\ )_2$$
$$(3DB.958)_{16} = (\ 3\quad D\quad B.\ 9\quad 5\quad 8\ )_{16}$$
$$= (0011\quad 1101\quad 1011.1001\quad 0101\quad 1000\ )_2$$

4.2.3 二进制运算

1. 二进制算术运算

二进制算术运算如图 4.3 所示。

+	0	1
0	0	1
1	1	0

−	0	1
0	0	1
1	1	0

×	0	1
0	0	0
1	0	1

÷	0	1
0	出错	0
1	出错	1

(a) 二进制加法　　(b) 二进制减法　　(c) 二进制乘法　　(d) 二进制除法

图 4.3　二进制算术运算

2. 二进制逻辑运算

二进制逻辑运算如图 4.4 所示。

P	Q	$P \wedge Q$
0	0	0
0	1	0
1	0	0
1	1	1

P	Q	$P \vee Q$
0	0	0
0	1	1
1	0	1
1	1	1

P	$\neg P$
0	1
1	0

P	Q	$P \oplus Q$
0	0	0
0	1	1
1	0	1
1	1	0

(a) 逻辑与运算　　(b) 逻辑或运算　　(c) 逻辑非运算　　(d) 异或运算

图 4.4　二进制逻辑运算

4.2.4　二进制运算的实现

数字电路是指用数字信号完成对数字量进行算术运算或逻辑运算的电路。在数字电路中,用高、低电平来表示二值逻辑状态,如果把 1 定义为高电平、0 定义为低电平,称为正逻辑,否则为负逻辑。一般通过由二极管、三极管等构成的电子开关来获取高、低电平。

在计算机中算术运算是借助逻辑运算实现的,而逻辑运算可通过逻辑门电路直接实现。常用的逻辑门电路有与门、或门、非门、异或门、与非门、或非门、与或非门等,如图 4.5 所示。20 世纪 40 和 50 年代采用的是用二极管、晶体管及电阻等分立元件构成的分立元件门电路。自 20 世纪 60 年代出现集成电路后,分立元件门电路几乎完全被集成电路所取代。所谓集成电路,即把电路中的半导体器件、电阻、电容及连线等制作在一个半导体基片上,构成一个完整的电路,并封装在一个管壳内。

算术运算的核心是加法运算,减法、乘法和除法等运算都转换为加法运算实现,所以加法器是计算机中的基本运算单元。实现加法运算的电路称为加法器,一般有半加器和全加器两种,如图 4.6 所示。

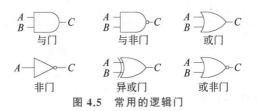

图 4.5　常用的逻辑门

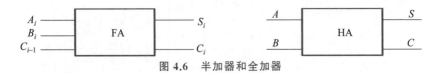

图 4.6　半加器和全加器

2个1位二进制数相加的运算称为半加,实现半加运算功能的电路称为半加器。半加器有2个输入和2个输出,输入是参与加法运算的2个1位二进制数A和B,输出是两数相加后的本位和S与进位C。根据二进制数加法运算法则,其真值表如表4.2所示。

将两个多位二进制数相加时,除了将两个同位数相加外,还应加上来自相邻低位的进位,实现这种运算的电路称为全加器。全加器有3个输入和2个输出,输入A_i和B_i代表被加数和加数,C_{i-1}是来自低位的进位输入;输出S_i是本位和,C_i是向高位的进位。根据全加器的加法运算法则,其真值表如表4.3所示。

表 4.2　半加器真值表

输　　　入		输　　　出	
被加数 A	加数 B	本位和 S	进位数 C
0	0	0	0
0	1	1	0
1	0	1	0
1	1	0	1

表 4.3　全加器真值表

输　　　入			输　　　出	
A_i	B_i	C_{i-1}	S_i	C_i
0	0	0	0	0
0	0	1	1	0
0	1	0	1	0
0	1	1	0	1
1	0	0	1	0
1	0	1	0	1
1	1	0	0	1
1	1	1	1	1

4.3 数值信息的数字化表示

4.3.1 计算机码制

1. 真值与机器数

有加、减号的数据表示称为真值,如$+1001100$、-101101。

将数的符号数值化的数据表示称为机器数。在计算机中,用 0 表示"$+$",用 1 表示"$-$"。机器数有以下特点。

(1) 二进制形式。

(2) 符号数字化。

(3) 明确所用位数。

2. 原码、反码与补码

原码、反码与补码是数值信息最常用的 3 种编码方式。

二进制真值 X 的原码编码方法(n 位)为:最高位对符号部分进行编码,0 表示正数,1 表示负数;剩下的 $n-1$ 位对数值部分进行编码,编码与 X 的数值部分相同,如果 X 的数值不足 $n-1$ 位,则高位补 0,补足至 $n-1$ 位;若多于 $n-1$,则不能用 n 位原码编码。如:$X=+1101$ 的 8 位二进制原码为$[X]_原=00001101$,$Y=-1010$ 的 8 位二进制原码为$[Y]_原=10001010$。

注意:数值 0 的原码有两种形式——$+0:00\cdots0$ 和 $-0:10\cdots0$。

原码编码方式简单,但是它的加减法运算较复杂。以加法为例,当两数原码相加时,首先要判断两数符号位是否相同,如果相同则两数的数值位相加;若符号不同,则需要判断两数绝对值大小,取绝对值较大数的符号位作符号位,数值位则为两数绝对值之差的绝对值。换言之,用这样一种直接的形式进行加法运算时,负数的符号位不能与其数值部分一起参加运算,而必须利用单独的线路确定和的符号位。因此原码加法电路复杂。为了简化设计,解决符号位运算的问题,引进了反码和补码这两种编码方法。

二进制真值 X 的反码编码方法(n 位)为:符号部分同原码,即数的最高位为符号位,0 表示正数,1 表示负数;数值部分与其符号位有关。对于正数,反码与原码相同;对于负数,反码数值是将原码数值按位取反。如:$X=+1101$ 的 8 位二进制反码为$[X]_反=00001101$,$Y=-1010$ 的 8 位二进制反码为$[Y]_反=11110101$。

二进制真值 X 的补码编码方法(n 位)为:符号部分同原码,即数的最高位为符号位,0 表示正数,1 表示负数;数值部分与其符号位有关。对于正数,补码与原码相同;对于负数,补码数值部分是将原码数值部分按位取反再加 1。如:$X=+1101$ 的 8 位二进制补码为$[X]_补=00001101$,$Y=-1010$ 的 8 位二进制补码为$[Y]_补=11110110$。

注意:在补码表示法中,0 只有一种表示形式——$000\cdots0$。

3. 补码运算

采用补码进行加减法运算,在计算机中只需要一套实现加法运算的线路,简化了计算

机内部硬件电路的结构,其运算规则如下:

$$[X \pm Y]_{补} = [X]_{补} + [\pm Y]_{补}$$

例 4-4 $A = +1011, B = -1110$,求 $A + B$。

解:

$$[A + B]_{补} = [A]_{补} + [B]_{补}$$
$$[A]_{补} = 01011, [B]_{补} = 10010$$
$$[A + B]_{补} = 11101$$
$$A + B = -0011$$

例 4-5 $A = +1011, B = +1110$,求 $A - B$。

解:

$$[A - B]_{补} = [A]_{补} + [-B]_{补}$$
$$[A]_{补} = 01011, [-B]_{补} = 10010$$
$$[A - B]_{补} = 11101$$
$$A - B = -0011$$

例 4-6 当机器字长为 8 位二进制数时,采用补码计算 $X + Y$ 和 $X - Y$,其中 $X = -73, Y = 52$。

例 4-6

补码运算中,要注意溢出发生。例如,85+72 在 8 位机中运算后会产生溢出,因为它们的和值 157 已经超出 8 位补码的表示范围($-128 \sim +127$)了。溢出就是两个数参加运算,结果超出了机器能表示的数的范围。当两个操作数的符号位相同时,如果运算结果的符号位发生改变,就会产生溢出。

4. 计算机采用补码表示整数的原因

计算机内部采用补码表示整数主要在于:数的表示方面,0 的补码是唯一的;数的运算方面,补码的符号位参与运算,舍弃进位,且减法转换为加法,实现简单。

为什么补码符号位可以参与运算,减法转换为加法呢?假设钟表显示现在的时间是 7 点,如果想把它调整为 3 点,该如何操作?有两种方法,往回拨 4 小时(7-4=3)或往前拨 8 小时((7+8)mod 12=3)。推广到一般,则有

$$(A - B) \bmod M = A + (-B + M) = A + [-B]_{补}$$

可见,在模为 M 的条件下,A 减去 B,可以用 A 加上 $-B$ 的补数来实现。这就是补码运算的原理。

4.3.2 定点数与浮点数

浮点数 N 在计算机中利用科学记数法表示,若 M 代表尾数,E 代表阶码,R 代表基数,则

$$N = M \times R^E$$

浮点数由尾数 M 和阶码 E 两部分组成,R 不用表示。尾数是纯小数,用原码(或补码)表示;阶码是整数,用补码表示,如图 4.7 所示。

如果一个非 0 浮点数的尾数最高位为 1,则称之为浮点规格化数。在计算机内部,浮

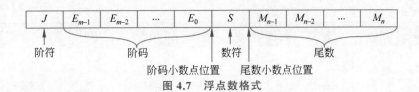

| J | E_{m-1} | E_{m-2} | ... | E_0 | S | M_{n-1} | M_{n-2} | ... | M_n |

阶符   阶码   数符   尾数

阶码小数点位置   尾数小数点位置

图 4.7 浮点数格式

点数都是以规格化形式出现的。例如，$(256.5)_{10}$ 的科学记数法表示为

$$(256.5)_{10} = (100000000.1)_2 = (0.1000000001)_2 \times 2^9$$

假设阶码用 8 位二进制补码表示，尾数用 16 位二进制原码表示，则浮点形式如图 4.8 所示。

000010010101000000000100000

0	0001001	0	100000000100000
阶符	阶码(补码)	数符	尾数(原码)

图 4.8 $(256.5)_{10}$ 的浮点数表示

4.4 非数值信息的数字化表示

多媒体技术使得计算机具有综合处理文字、声音、图形、图像和视频信息的能力，极大地改善了人机交互界面，改变了人们使用计算机的方式，给人们的工作和生活带来了巨大的变化。下面来探讨多媒体信息等非数值信息在计算机中的表示和数字化过程。

4.4.1 字符的数字化

1. ASCII 码

ASCII 码（American Standard Code for Information Interchange，美国信息交换标准代码）是美国国家标准化学会（American National Standards Institute，ANSI）维护和发布的用于信息交换的字符编码。ASCII 码中所含字符个数不超过 128，其中包含控制符、通信专用字符、十进制数字符号、大小写英文字母、运算符和标点符号等。

一个 ASCII 码由 8 位二进制（一字节）组成，实际使用低 7 位，最高位恒为 0。ASCII 码表，第一行列出编码中高 4 位，第一列给出低 4 位。一个字符所在行列的高 4 位编码和低 4 位编码组合起来，即为该字符的编码。例如，大写字母 A 的 ASCII 编码为 0100 0001，十进制为 65。ASCII 码表如表 4.4 所示。

表 4.4 ASCII 码表

	0000	0001	0010	0011	0100	0101	0110	0111
0000	NUL	DLE	SP	0	@	P	`	p
0001	SOH	DC1	!	1	A	Q	a	q

	0000	0001	0010	0011	0100	0101	0110	0111
0010	STX	DC2	"	2	B	R	b	r
0011	ETX	DC3	#	3	C	S	c	s
0100	EOT	DC4	$	4	D	T	d	t
0101	ENQ	NAK	%	5	E	U	e	u
0110	ACK	SYN	&.	6	F	V	f	v
0111	BEL	ETB	,	7	G	W	g	w
1000	BS	CAN	)	8	H	X	h	x
1001	HT	EM	(	9	I	Y	i	y
1010	LF	SUB	*	:	J	Z	j	z
1011	VT	EAC	+	;	K	[	k	{
1100	FF	ES	'	<	L	\	l	|
1101	CR	GS	—	=	M	]	m	}
1110	SO	RS	•	>	N	^	n	~
1111	SI	US	/	?	O	_	o	DEL

2. 汉字编码

汉字编码适用于汉字信息的交换、传输、存储和处理。我国广泛采用的汉字编码标准是 GB 2312—1980,它由我国国家标准总局于 1980 年发布、1981 年 5 月 1 日开始实施的一套国家标准,其全称是"信息交换用汉字编码字符集——基本集"。GB 2312 共收录汉字 6763 个和非汉字图形字符 682 个。根据汉字使用频率的高低,将其分为两级:第一级包含 3755 个常用汉字,按照拼音字母顺序排列,同音字以汉字笔画为序,笔画的顺序是横、竖、撇、捺和折;第二级包含 3008 个次常用汉字,按部首顺序排序,与汉字字典使用的方法基本相同。根据确定的排序,在前的汉字编码较小,在后的汉字编码较大。

整个字符集分成 94 个区,每个区有 94 个位。每个区位上只有一个字符,因此可用所在的区和位来对汉字进行编码,称为区位码。被编码的汉字字符都将分配到某个区的某个位上。各区具体的分配方法是:1~9 区为符号和数字区,16~87 区为汉字区,10~15 区和 88~94 区为空白区,留待扩充标准汉字编码用。其中一级汉字分布在 16~55 区,二级汉字分布在 56~87 区。区位码采用 4 位十进制数表示,前 2 位为区的编号称为区码,后 2 位为位的编号称为位码。例如,"计"字位于 28 区第 38 位,它的区位码是 $(2838)_{10}$。

GB 2312 编码又称国标码,通常用十六进制表示,它是由区位码转换得到的,转换方法为:先将十进制区码和位码分别转换为十六进制的区码和位码,再加上 $(2020)_{16}$ 就得到国标码。例如,"计"字的国标码为 $(3C46)_{16}$,其转换过程: $(2838)_{10} \rightarrow (1C26)_{16} \rightarrow (3C46)_{16}$。

国标码的两字节的最高位均为 0,为了与 ASCII 码区分开来,约定每字节的最高位恒

为 1。在计算机内部的这种编码形式,称为汉字的机内码。例如,"计"字的机内码是
$(BCC6)_{16}$。

GBK 编码是等同于 UCS 的新的中文编码扩展国家标准。GBK 工作小组于 1995 年
12 月完成 GBK 规范。该编码标准兼容 GB 2312,共收录汉字 21003 个、符号 883 个,并
提供 1894 个造字码位,简、繁体字融于一库。

3. Unicode 码

Unicode 码又称统一码、万国码或单一码,1994 年开始研发,1994 年公布第一个版
本,2006 年发布了最新版本 Unicode 5.0.0。Unicode 码是基于通用字符集(Universal
Character Set,UCS)的标准而开发的。Unicode 码给世界上每种语言的文字、标点符号、
图形符号和数字等字符都赋予了一个统一且唯一的二进制编码,以满足跨语言、跨平台进
行文本转换、处理的要求。Unicode 编码将 0~0x10FFFF 的数值赋给 UCS 中的每个字
符。Unicode 编码由 4 字节组成,最高字节的最高位为 0。

Unicode 编码体系具有较复杂的"立体"结构。首先根据最高字节将编码分为 128 个
组(group),然后再根据次高字节将每个组分成 256 个平面(plane),每个平面有 256 行
(row),每行包括 256 个单元格(cell),相对于两字节编码的高低两字节。其中 group0 的
第一个平面 plane0 被称为基本多语言平面(Basic Multilingual Plane,BMP)。UCS 中包
含 71 226 个汉字,plane2 的 43 253 个字符都是汉字,余下的 27 973 个汉字在 plane0 上。
例如,中文"汉"字的 Unicode 码是 $(6C49)_{16}$,"字"的 Unicode 码是 $(5B57)_{16}$。

4.4.2 声音的数字化

声音是人们用来传递信息最方便、最熟悉的方式之一,是携带信息的极重要的媒体。
声音是由物体振动引发的一种物理现象,声源是一个振荡
源,它使周围的介质(如空气、水等)产生振动,并以波的形式
进行传播。声音是随时间连续变化的物理量,可以近似地看
作一种周期性的函数。声音波形如图 4.9 所示,它可用 3 个
物理量来描述。

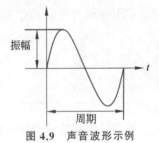

图 4.9　声音波形示例

(1) 振幅。即波形最高点(或最低点)与基线的距离,它
表示声音的强弱。

(2) 周期。即两个相邻波峰之间的时间长度。

(3) 频率。即每秒钟振动的次数,以 Hz 为单位。

计算机只能处理离散量,只有数字化形式的离散信息才能被接收和处理。因此,对连
续的模拟声音信号必须先进行数字化离散处理,转换为计算机能识别的二进制表示的数
字信号,才能对其进行进一步的加工处理。用一系列数字来表示声音信号,称为数字
音频。

把模拟的声音信号转换为数字音频的过程称为声音的数字化。这个过程包括采样、
量化和编码 3 个步骤。

采样:每隔一个时间间隔测量一次声音信号的幅值,这个过程称为采样,测量到的每

个数值称为样本,这个时间间隔称为采样周期。这样就得到了一个时间段内的有限个幅值。单位时间内的采样次数称为采样频率,如图 4.10 所示。

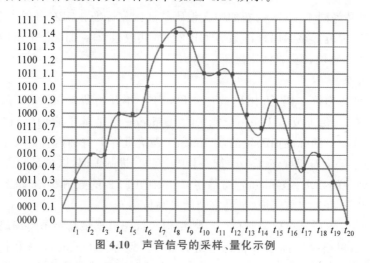

图 4.10 声音信号的采样、量化示例

量化:采样后得到的每个幅度的数值在理论上可能是无穷多个,而计算机只能表示有限精度。因此,还要将声音信号的幅度取值的数量加以限制,这个过程称为量化。例如,假设所有采样值可能出现的取值范围为 0～1.5,而实际只记录了有限个幅值:0、0.1、0.2、0.3、…、1.4、1.5 共 16 个值,那么如果采样得到的幅值是 0.4632,则近似地用 0.5 表示;如果采样得到的幅值是 1.4167,就取其近似值 1.4,如图 4.10 所示。

编码:将量化后的幅度值用二进制形式表示,这个过程称为编码。对于有限个幅值,可以用有限位的二进制数来表示。例如,可以将上述量化中所限定的 16 个幅值分别用 4 位二进制数 0000～1111 来表示,如表 4.5 所示,这样声音的模拟信号就转化为了数字音频。常用音频文件格式有 WAV、MP3、WMA、RM、MIDI 等。

表 4.5 声音信号编码示例

采样点	t_1	t_2	t_3	t_4	t_5	t_6	t_7	t_8	…
编码	0011	0101	0101	1000	1000	1010	1101	1110	…

数字音频的质量与哪些指标有关呢?

采样频率越高,表明相同时间内采样的次数越多,获得的采样值也就越多,数字化后得到的声音就会越逼真。常见的采样频率标准有 44.1kHz、22.05kHz、11.025kHz。

采样精度(量化位数)越高,越能细腻地表示声音信号的变化程度,减小量化失真。

声道数为一次采样所记录产生的声音波形的个数。单声道只产生一个波形,而双声道产生两个声音波形。双声道又称为立体声。立体声不仅音色和音质好,而且听起来要比单声道更具有空间感,但它所占的存储容量要多。

未经压缩数字音频的数据量(字节)=(采样频率×量化位数×声道数×持续时间(秒))/8

例 4-7 对于调频立体声广播,采样频率为 44.1kHz,量化位数为 16 位,双声道。计算声音信号数字化后未经压缩持续一分钟所产生的数据量。

大学计算机基础——基于混合式学习

解：调频立体声广播的数据量为

$$(44100×16b×2×60)/8＝10584000B≈10.1MB$$

4.4.3　图像的数字化

自然界中的景物通过人的视觉观察，在大脑中留下印象，这就是图像。以数字形式表示的图像就称为数字图像。

颜色是人的视觉系统对可见光的感知结果。从物理学上讲，可见光是指波长为 $380\sim780nm$ 的电磁波。对不同波长的可见光，人眼感知为不同的颜色。人们看到的大多数光不是一种波长的光，而是由多种不同波长的光组合成的。

颜色模型是组织和描述颜色的方法之一，也称为颜色空间。能发出光波的物体，称为有源物体，一般采用 RGB 颜色模型，如显示器采用 RGB 模型。不发出光波的物体，称为无源物体，一般采用 CMY 模型，如打印机采用 CMY 模型。从事艺术绘画的人习惯用 HSB 模型。

(1) RGB 颜色模型。国际照明委员会（CIE）规定以 700nm（红）、546.1nm（绿）、435.8nm（蓝）3 个色光为三基色，又称为物理三基色。每种基色用一字节表示。3 种基色的不同强度的组合可表示 $256×256×256＝167\ 777\ 216$ 种颜色。

(2) CMY 颜色模型。任何一种颜色都可以用青色（Cyan）、品红（Magenta）和黄色（Yellow）3 种基本颜料按一定比例混合得到，通常写成 CMY，称为 CMY 模型。

(3) HSB 颜色模型。HSB 颜色模型是从人的视觉系统出发，用色调（Hue）、饱和度（Saturation）和明度（Brightness）来描述颜色。色调又称色相，指颜色的外观，用于区别颜色的种类。饱和度是指颜色的纯度，用来区别颜色的深浅程度。明度是光作用于人眼所引起的明亮程度的感觉，它与被观察物体发光强度有关。由于人的视觉对亮度的敏感程度远强于对颜色浓淡的敏感程度，为了便于颜色处理和识别，人的视觉系统经常采用 HSB 颜色模型，它比 RGB 颜色模型更符合人的视觉特性。

图像的数字化是按一定的空间间隔自左到右、自上而下提取画面信息，并按一定的精度进行量化的过程，包括采样、量化和编码 3 个步骤，如图 4.11 所示。

由于图像是二维分布的信息，所以采样是在 x 轴和 y 轴两个方向上进行的。假设我们对连续图像彩色函数 $f(x,y)$ 沿 x 方向以等间隔 Δx 采样，采样点数为 N，沿 y 方向以等间隔 Δy 采样，采样点数为 M，于是得到一个 $M×N$ 的离散样本矩阵 $[f(x,y)]_{M×N}$。采样后得到的各个点，我们称其为像素点，而各个像素点的亮度和颜色的取值仍然是连续的。

下一步就是要对图像进行量化，即把连续变化的图像函数 $f(x,y)$ 的每个离散点（像素）的亮度或颜色的取值用若干位数的二进制数码表示。

将量化后每个像素的颜色用不同的二进制编码表

图 4.11　彩色图像的数字化过程

示,于是就得到 $M \times N$ 的数值矩阵。把这些编码数据一行一行地存放到文件中,就构成了数字图像文件的数据部分。

影响数字图像质量的主要因素有图像分辨率和像素深度。

图像分辨率是指数字图像的像素数目,用"像素/行×行/幅"描述。图像的分辨率越高,越清晰,数据量也越大。

像素深度是指每个像素的颜色所使用的二进制位数,也称位深度。像素深度越高,则数字图像中可以表示的颜色越多,数字化后的图像就越逼真。

未经压缩的图像的数据量的计算方法如下:

$$图像数据量(Byte) = 图像的总像素 \times 像素深度/8$$

例 4-8 一幅分辨率为 640×480、像素深度为 24 的图像,其数据量为多少?

解 数据量为

$$640 \times 480 \times 24b/8 = 921600B$$

数字图像根据其在计算机中的描述方法和表示形式不同,分为矢量图和位图。矢量图是用一组描述点、线、面等大小、形状、位置、维数的计算机指令来描述和记录一幅图像的。矢量图占据的空间少,不易制作色调丰富的图片。位图是由像素点组成的,每个像素用若干个二进制位来描述。位图通常用于表现色彩丰富、细腻的人物和自然景物。位图与分辨率有关,如果以比较大的倍数放大显示图像,或以过低分辨率打印图像,图像就会出现锯齿状的边缘,并且会丢失细节。矢量图与分辨率无关,在任何分辨率下打印都不会丢失细节。常见的图像文件格式有 BMP、GIF、JPEG 等格式。

4.4.4 视频的数字化

一幅幅独立的图像按照一定的速率连续播放,形成连续运动的画面,称为动态图像。一幅图像称为一帧,是构成动态图像的最基本单位。动态图像可分为视频和动画。如果每一帧的图像是实时获取的自然景物图像,称为动态影像视频,简称视频。如果每一帧的图像由人工或计算机产生,称为动画。

例 4-9 计算存储 1min 视频所需的存储空间。分辨率为 352×288,每秒 25 帧。不含音频数据。

解 1 帧所需存储空间为

$$352 \times 288 \times 3B = 304128B = 297KB$$

因为 25 帧/秒,所以 1min 视频数据量为

$$297KB \times 25 \times 60 = 445500KB \approx 435MB$$

4.5 本 章 小 结

本章介绍信息、编码与数据的表示,首先介绍信息和信息熵的概念及信息量的度量方法,然后介绍计算机内部所用的二进制,接下来是数值信息的数字化表示和声音、图像和视频等非数值信息的数字化表示。

习 题 4

（一）

1. 某离散信源由 A、B、C、D、E 5 个符号组成，它们出现的概率分别为 0.4、0.2、0.2、0.1 和 0.1，且每个符号的出现都是独立的。试求以下消息的信息熵和信息量：

CABEACAEBDACBDAEABECADECBAEBAADECBAEBAEACEDBEACAEA。

2. 将下列二进制数转换为十进制数。

$(1101.11)_2 = ($ $)_{10}$ $(11010)_2 = ($ $)_{10}$

$(111.101)_2 = ($ $)_{10}$ $(111101)_2 = ($ $)_{10}$

3. 将下列十进制数转换为二进制数，不能精确转换的，取 4 位小数。

$(5.5)_{10} = ($ $)_2$ $(8.32)_{10} = ($ $)_2$

$(71.625)_{10} = ($ $)_2$ $(83.45)_{10} = ($ $)_2$

4. 将下列二进制数转换为八进制或十六进制，八进制或十六进制转换为二进制。

$(1001010.0011)_2 = ($ $)_8 = ($ $)_{16}$

$(5A.3C)_{16} = ($ $)_2 = ($ $)_8$

$(745.67)_8 = ($ $)_2 = ($ $)_{16}$

5. 进制转换。

$(1111.11)_2 = ($ $)_{10}$ $(1010001)_2 = ($ $)_{10}$

$(100.354)_{10} = ($ $)_2$ $(110011.101)_2 = ($ $)_8$

$(7123.14)_8 = ($ $)_2 = ($ $)_{16}$ $(1101101110.110101)_2 = ($ $)_8 = ($ $)_{16}$

$(2C1D.A1)_{16} = ($ $)_2 = ($ $)_8$ $(79BE)_{16} = ($ $)_2 = ($ $)_8$

6. 二进制算术运算。

$111001 + 1010$ $11100011 - 10001$ 1101×1011 $110110 \div 110$

7. 二进制逻辑运算。

$10101011 \wedge 01110110 = ($ $)$

$00110100 \vee 11100101 = ($ $)$

$\neg 10101101 = ($ $)$

$00100111 \oplus 10010101 = ($ $)$

$00100111 \oplus (\neg 10010101) = ($ $)$

$111 \oplus (\neg 1001 \vee 1110) = ($ $)$

8. 1991 年 2 月 25 日，在海湾战争中，位于沙特阿拉伯 Dhahran 的"爱国者"导弹防御系统未能成功拦截"飞毛腿"导弹。结果导弹击中军营，导致美国陆军第十四军需分队的 28 名士兵死亡，98 人受伤。美国政府调查指出该次失败归咎于导弹系统时钟内的一个软件错误。"爱国者"导弹系统的内置时钟，其实现类似一个计数器，每 0.1 秒加 1。程序用一个 24 位的寄存器来存放近似于 1/10 的二进制小数值。在此之前，"爱国者"导弹系统在 Dhahran 已经连续工作了 100 小时，问这会产生多长时间的误差？

9. 编写一个 Python 程序,实现十进制整数到二进制整数的转换。

10. 编写一个 Python 程序,实现二进制整数到十六进制整数的转换。

习题 4(一)参考答案

(二)

11. 写出下面数的 8 位原码、反码、补码。

17   −17   −127   127

12. $(32)_{10}$ 的 8 位二进制补码是( )。

$(-32)_{10}$ 的 8 位二进制补码是( )。

13. 假定一个数的原码是 10001001,则其补码为( )。

14. 在关于反码的说法中,正确的是( )。

   A. 负数的反码与原码相同

   B. 正数的反码与原码相同

   C. 负数的反码就是负数的原码按位全部取反

   D. 正数的反码就是正数的原码按位全部取反

15. 假定一个数的补码为 10000110,则这个数用十进制表示是( )。

( )$_{10}$ 的 8 位二进制补码为 11111100。

16. 机器字长为 8 位二进制数,$X=44$,$Y=59$,采用补码计算 $X+Y$ 和 $X-Y$ 的值。

17. 0 的 8 位原码是( ),8 位补码是( )。

   A. 0000 0000   B. 1000 0000   C. 1111 1111   D. 1111 0000

18. 用 6 位补码运算计算 $X+Y$ 和 $X-Y$ 的值,其中 X 和 Y 是真实值,$X=+10101$,$Y=+101$。

19. 填写表 4.6 中各机器码分别为原码、补码和无符号二进制数时所对应的十进制真值。

表 4.6　十进制真值表

机器码	对应的十进制真值		
	原码	补码	无符号二进制数
1000 1001			
1000 1000			
1111 0011			
0011 1101			

20. 已知 0100 1011 是一个二进制规格化浮点数,设阶码和尾数都用补码表示,各占 4 位,则该浮点数表示的十进制数是( )。

   A. −5   B. −10   C. −20   D. −40

习题 4(二)参考答案

（三）

21. 已知字符'A'的 ASCII 码对应的十进制表示为 65，则字符'E'对应的 ASCII 码的十进制表示为（　　）。

    A. 68　　　　　　　　B. 69　　　　　　　　C. 70　　　　　　　　D. 101

22. 在声音的数字化过程中，采样是对（　　）进行离散化。

    A. 时间　　　　　　　B. 振幅　　　　　　　C. 空间　　　　　　　D. 颜色

23. 一个采样频率为 4kHz、采样精度为 16 位、双声道、播放时间为 1min 的数字音频，若不考虑数据压缩，则其数据量为（　　）KB。

    A. 480　　　　　　　B. 960　　　　　　　C. 3840　　　　　　　D. 7680

24. 一个 RGB 颜色由（　　）3 个颜色分量组成。

    A. 红、绿、蓝　　　　B. 红、绿、黄　　　　C. 黄、绿、蓝　　　　D. 红、黄、蓝

25. 一幅分辨率为 640×480、像素深度为 24 的图像，其数据量为多少？

26. 一幅分辨率为 30×40 的真彩色图像，若不考虑数据压缩，则其数据量为（　　）字节。

    A. 1200　　　　　　B. 3600　　　　　　C. 9600　　　　　　D. 28 800

27. 下面既不属于音频文件格式也不属于图像文件格式的是（　　）。

    A. PNG　　　　　　B. JPG　　　　　　C. MP3　　　　　　D. RAR

28. 从逻辑上看，声音和图像的数字化过程都包含 3 个步骤，依次是（　　）。

    A. 量化、采样、编码　　　　　　　　　　B. 采样、量化、编码

    C. 编码、采样、量化　　　　　　　　　　D. 编码、量化、采样

29. 一段视频，按每秒播放 30 帧的速度，能够播放 1min。其中每一帧是 640×480 分辨率的真彩色图像，这段视频信息需要占据多少 KB 的存储空间？

30. 设有一段信息为 AAAAAACTEEEEEHHHHHHHSSSSSSSSS，使用行程编码对其进行数据压缩，试计算压缩比。假设行程长度用 1 字节存储。

习题 4(三)参考答案

拓 展 提 高

写出十进制数 20.59375 的单精度浮点表示形式。

课 外 资 料

"爱国者"导弹事件

1991年2月25日,在海湾战争中,位于沙特阿拉伯 Dhahran 的"爱国者"导弹防御系统未能成功拦截"飞毛腿"导弹。结果导弹击中军营,导致美国陆军第十四军需分队的28名士兵死亡,98人受伤。美国政府调查指出该次失败归咎于导弹系统时钟内的一个软件错误。"爱国者"导弹系统的内置时钟,其实现类似一个计数器,每0.1秒加1。程序用一个24位的寄存器来存放近似于1/10的二进制小数值。在此之前,"爱国者"导弹系统在 Dhahran 已经连续工作了100h。至此,导弹系统的时钟已经偏差了约1/3s,相当于超过600m的距离误差。由于这个时间误差,纵使雷达系统侦察到"飞毛腿"导弹并且预计了它的弹道,系统却找不到实际上来袭的导弹。在此情况下,起初的目标发现被视为一次假警报,侦测到的目标也从系统中删除。

阿丽亚娜5火箭爆炸事件

1996年6月4日星期二,欧洲航天局计划首次发射新的阿丽亚娜(Ariane)5型火箭。这枚火箭需要将昂贵的大载荷送入太空,帮助欧洲完成一系列科学实验与商业项目。火箭上没有搭载宇航员,搭载的是 Cluster 航天器,它由4颗昂贵的科学卫星组成。然而,就在起飞后短短40s,阿丽亚娜501号就在发射区上空炸裂成无数金属残片和燃烧的碎块。对于欧洲航天局来说,这不仅是一次沉重的打击,更是一场令人震惊的灾难。

阿丽亚娜501号火箭在脱离发射台后,会按照预定路径平稳加速并飞向太空。在内部,制导系统不断跟踪火箭轨迹并将数据发送至主机载计算机。为了完成数据传输,制导系统需要将速度读数从64位浮点数转换为16位带符号整数。事故原因就来自这个转换。16位带符号整数的取值范围是 $-32768 \sim +32768$,而64位浮点数取值范围是 $-1.8e+308 \sim -2.2e-308$。从浮点数到整数的转换会引发整数溢出。

整数溢出对于火箭发射意味着什么呢?制导系统会读取火箭的水平速度数据(64位浮点数),并尝试将其转换为16位整数以发送至主计算机。因为读数大于16位整数所能表示的最大值,所以转换失败。一般来讲,设计良好的系统会内置一个程序来处理溢出错误,并向主计算机发送一条合理的消息。但阿丽亚娜501号并不是这样。制导系统会持续发送错误消息,于是主计算机不但接收不到正确的水平速度值,制导系统也被立即关闭了。而且火箭制导系统的后备系统的代码跟主系统完全相同,它也在尝试执行同样的转换、得到相同的错误,于是短短72ms后也崩溃了。因为没有异常处理代码,主计算机将发来的数据解释成了真正的导航数据,认定火箭已经严重偏离航线。为了解除这个根本就不存在的威胁,助推器点燃了全喷嘴偏转,巨大的空气动力压力立即开始撕裂火箭本体。计算机意识到情况到了最危急的关头,于是触发了自毁机制。

五笔输入法

五笔字型输入法(简称:五笔)是王永民在 1983 年 8 月发明的一种汉字输入法,也称"王码五笔"。五笔是中国及一些东南亚国家如新加坡、马来西亚等国最常用的汉字输入法之一。五笔完全依据笔画和字形特征对汉字进行编码,是典型的形码输入法。自诞生以来,先后推出 3 个版本:86 五笔、98 五笔和新世纪五笔。要使用五笔输入法,首先要掌握所有的字根和编码规律,再学习每个字的拆字原则,熟悉了解这些规则之后多加练习才能够把字熟练地打出来。为了方便记忆,王永明还发明了字根口诀。五笔输入法打字速度快,重码率低,曾经风靡一时,据统计,五笔输入法覆盖率最高时超过 90%。学习五笔需要花费很多的时间和精力,20 世纪末随着智能拼音输入法的流行,再加上手写输入和语音输入等更加便捷的输入法的出现,五笔输入法的用户数量急剧下降。

克劳德·艾尔伍德·香农

克劳德·艾尔伍德·香农(Claude Elwood Shannon,1916 年 4 月 30 日—2001 年 2 月 24 日)是美国数学家、信息论的创始人。

1916 年 4 月 30 日,克劳德·艾尔伍德·香农出生于美国密歇根州的 Petoskey,与大发明家爱迪生(Thomas Alva Edison,1847—1931)有远亲关系。1936 年,毕业于密歇根大学并获得数学和电子工程学士学位。1940 年,获得麻省理工学院(MIT)数学博士学位和电子工程硕士学位。1941 年,他加入贝尔实验室数学部,工作到 1972 年。1956 年,他成为麻省理工学院(MIT)客座教授,并于 1958 年成为终身教授,于 1978 年成为名誉教授。2001 年 2 月 24 日去世,享年 84 岁。

1948 年 6 月至 10 月,香农在《贝尔系统技术杂志》连载了那篇改变人类社会发展轨迹的论文——《通信的数学理论》。次年,香农又在该杂志发表了另一篇著名论文——《噪声下的通信》。在这两篇论文中,香农给出了通信系统的基本模型,提出了信息熵的概念及数学表达式,为信息论和数字通信奠定了基础。1949 年,他发表的论文——《保密系统的通信理论》开辟了用信息论来研究密码学的新思路,奠定了现代密码理论的基础。香农也凭此成为近代密码理论的奠基者和先驱。他还提出了比特(bit)的概念,即二进制数(binary digit)的缩写。为纪念克劳德·艾尔伍德·香农而设置的香农奖是通信理论领域最高奖,也被称为"信息领域的诺贝尔奖"。

第 **5** 章 计算机系统

计算机是 20 世纪最伟大的发明之一,对人类社会生活带来巨大变化。计算机硬件是整个计算机系统发挥其功能的物质基础;操作系统是其最基本也是最为重要的基础性系统软件。本章介绍计算机系统,包含计算机硬件系统、计算机操作系统和机载计算机系统,其中计算机硬件系统包含中央处理器、存储器、总线和输入输出系统;计算机操作系统包含进程管理、存储管理、文件管理、设备管理和用户接口;机载计算机系统包含机载计算机硬件系统和机载计算机软件系统。

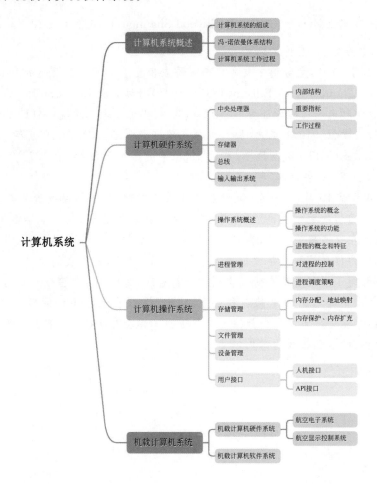

学习任务单（一）

章节名称	第5章 计算机系统 5.1 计算机系统概述 5.2 计算机硬件系统
学习目标	（1）能描述计算机系统的组成，阐述冯·诺依曼体系结构的特点。 （2）能描述 CPU 的各组成部分及其功能，阐述 CPU 执行指令的工作过程。 （3）能描述存储系统层次结构及各层次的功能与特点，区分机器周期与指令周期的概念。 （4）能描述 CISC、RISC、流水及并行处理等概念。 （5）能说明输入输出系统的组成和总线的分类及作用。
学习内容	（1）计算机系统。 （2）计算机硬件系统。
重点与 难点	重点：冯·诺依曼体系结构的特点；CPU 的组成与执行指令的工作过程；存储系统的层次结构与特点。 难点：CPU 的组成与执行指令的工作过程；存储系统的层次结构与特点。
二、学习任务	
线上自学	中国大学 MOOC 平台"大学计算机基础"。 自主观看以下内容的视频："第四单元 计算机系统的程序员视角（一）～（四）"。
研讨问题	（1）写出你在购买笔记本计算机、智能手机、平板计算机时考察的主要组成部件及其性能参数指标，写出三者硬件组成的共同点和程序运行过程的相同之处。 （2）写出中央处理器（CPU）的主要组成部分，小组角色扮演各个组成部分，模拟演示程序段"求 1 到 1000 的和"在 CPU 中的执行过程。 （3）简述机载计算机与通用计算机的异同。
三、学习测评	
内容	习题 5（一）

学习任务单(二)

一、学习指南	
章节名称	第 5 章 计算机系统 5.3 计算机操作系统 5.4 机载计算机系统
学习目标	(1) 能描述计算机软件系统的分类、层次结构及各类软件的主要作用。 (2) 能阐述操作系统的基本功能。 (3) 能描述进程管理、存储管理、文件管理、设备管理、用户接口等基本概念。 (4) 能解释说明程序调度与内存分配方法。 (5) 能描述 FAT32 与 NTFS 等典型文件系统的特点。 (6) 能描述常用设备管理方法与设备驱动配置方法。
学习内容	(1) 计算机操作系统。 (2) 机载计算机系统。
重点与难点	重点:操作系统的基本功能与进程管理、存储管理、文件管理、设备管理的基本功能。 难点:进程管理与存储管理的基本功能。
二、学习任务	
线上学习	中国大学 MOOC 平台"大学计算机基础"。 自主观看以下内容的视频:"第四单元 计算机系统的程序员视角(三)""4.3 操作系统漫谈""操作系统安装"。注:这里对应的是中国大学 MOOC 平台上的单元和节。
研讨问题	(1) 针对操作系统的四大管理功能,结合你对计算机的使用,分别举例说明。 (2) 什么是进程?进程有何特征? (3) 阐述虚拟存储管理技术的基本思想和理论依据。
三、学习测评	
内容	习题 5(二)

5.1 计算机系统概述

5.1.1 计算机系统的组成

计算机是一种可编程的机器,它接收输入、存储并且处理数据,然后按照某种有意义的格式进行输出。可编程指的是能给计算机下一系列的命令,并且这些命令能被保存在计算机中,并在某个时刻能被取出并执行。

通常所说的计算机实际上指的是计算机系统,包括计算机硬件系统和计算机软件系统两部分,如图 5.1 所示。

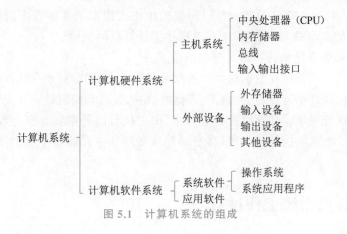

图 5.1　计算机系统的组成

1. 计算机硬件系统

　　计算机硬件系统是整个计算机系统运行的物理平台，是计算机系统的电子机械装置的总称，包括用于存储并处理数据的主机系统，以及各种与主机系统相连的、用于输入和输出数据的外部设备。其中，主机系统由中央处理器（CPU）、内存储器、总线和输入输出接口组成；外部设备根据用途不同可分为外存储器、输入设备和输出设备、其他设备，常用输入设备如键盘、鼠标和扫描仪等，常用输出设备如显示器、打印机和绘图仪等。

2. 计算机软件系统

　　计算机软件系统是为运行、管理和维护计算机系统或为完成一定任务而编写的各种程序及其相关资料（文档）。它是用户与硬件之间的接口，着重解决如何管理和使用计算机的问题。

　　用户主要是通过软件系统与计算机进行交流。没有任何软件支持的计算机称为裸机，其本身不能完成任何功能，只有配备一定的软件才能发挥功效。

5.1.2　冯·诺依曼体系结构

　　目前占主流地位的计算机硬件系统结构是冯·诺依曼体系结构，如图 5.2 所示。

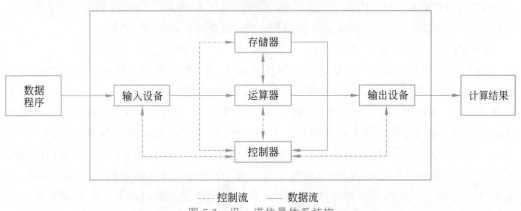

---- 控制流　—— 数据流
图 5.2　冯·诺依曼体系结构

1945 年 6 月,冯·诺依曼等人在一份报告中正式提出了存储程序的原理,论述了存储程序计算机的基本概念,在逻辑上完整描述了计算机的结构。

冯·诺依曼体系结构计算机具有如下特点。

(1) 计算机中的程序和数据均以二进制形式表示,共同存储在存储器中。

(2) 计算机硬件由运算器、控制器、存储器、输入设备和输出设备 5 大部分组成。

(3) 顺序执行程序。计算机运行过程中,把要执行的程序和处理的数据预先存入主存储器(内存),计算机执行程序时,将自动并按顺序从主存储器中取出指令一条一条地执行。

5.1.3　计算机系统工作过程

下面以 Word 编辑文档为例,说明计算机系统的工作过程。

(1) 双击要编辑的 Word 文档,该 Word 文档中的数据和 Word 应用程序从硬盘中读出并送入内存。

(2) 运行 Word 应用程序后,显示器显示出程序界面,并显示要编辑文档的内容。

(3) 单击 Word 应用程序中的菜单项或工具栏按钮执行某项操作,即计算机进行某种运算。Word 应用程序执行某项操作后,根据操作功能不同,给出不同操作结果。例如,将文档内容文字颜色设置为蓝色,选中要进行颜色设置的文字和要设置的颜色作为输入,计算机系统经过处理,在显示器上显示已选中文字变为蓝色即为输出。

(4) 单击 Word 应用程序的"保存"按钮,数据将从内存写入硬盘,永久保存;单击 Word 应用程序的退出菜单或"关闭"按钮,结束程序的运行。

5.2　计算机硬件系统

5.2.1　CPU

中央处理器(Central Processing Unit,CPU)是计算机系统的核心部件,是计算机执行指令的主要部件,控制计算机各部件协同工作,实现计算机主要功能。

1. CPU 的内部结构

CPU 一般由运算器、控制单元和寄存器组成,由 CPU 内部总线将这些部件连接为有机整体,其内部结构如图 5.3 所示。运算器由算术逻辑部件(Arithmetic and Logic Unit,ALU)、累加器、状态寄存器、通用寄存器组等组成,其中算术逻辑部件主要用于实现数据的加、减、乘、除等算术运算,以及与、或、非、异或等逻辑运算。控制单元(Control Unit)负责指令的分析、指令及操作数的传送、产生控制和协调整个 CPU 工作所需的时序逻辑等。寄存器组(Registers)由一组寄存器构成,分为通用寄存器组和专用寄存器组,用于临时保存数据。通用寄存器组暂存参与运算的操作数或运算的结果。专用寄存器组用于记录计算机当前的工作状态,如程序计数器用于保存下一条要执行的指令。

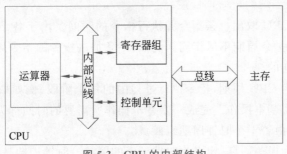

图 5.3　CPU 的内部结构

2. CPU 的主要性能指标

CPU 的主要性能指标包括执行速度、主频和字长等。

（1）执行速度。CPU 每秒能执行的指令条数（Million Instructions Per Second，MIPS）。

（2）主频。CPU 的工作频率，即 CPU 一秒内能够完成的工作周期（时钟周期）数，单位是 MHz 或 GHz。

（3）字长。CPU 一次可以处理的数据的二进制位数，比如 16 位、32 位、64 位等。

3. CPU 的工作过程

CPU 的工作过程是循环执行指令的过程。指令是计算机能够识别的"命令"，是计算机执行的最小单位。指令的执行过程是在控制单元的控制下，精确地、一步一步地完成的。执行一条指令的过程通常可归纳为 3 个阶段：取指令、译码和执行，如图 5.4 所示。取指令就是根据程序计数器（PC）的值，从内存中把具体的指令加载到指令寄存器中，然后把 PC 自增 1 存放下一条指令的地址；译码就是将指令寄存器中的指令解析成要进行什么样的操作；执行就是实际运行指令，进行算术逻辑操作、数据传输或者直接地址跳转等。

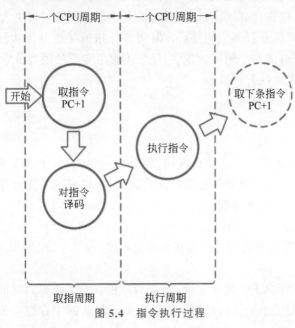

图 5.4　指令执行过程

4. 指令周期、机器周期与时钟周期

指令周期是指 CPU 取出一条指令并执行指令的时间。由于各条指令的操作功能不同,因此各种指令的指令周期不尽相同。例如,一条加法指令的指令周期与一条乘法指令的指令周期就是不同的。

机器周期也称为 CPU 周期,指令执行过程中的每个阶段,例如取指令、译码和执行,每一个阶段完成一个基本操作。完成一个基本操作所需要的时间称为机器周期。一般情况下,一个机器周期由若干个时钟周期组成。

时钟周期又称为振荡周期,定义为时钟频率的倒数。时钟周期是计算机中最基本的、最小的时间单位。在一个时钟周期内,CPU 仅完成一个最基本的动作。

一个指令周期由若干个机器周期组成,而一个机器周期又包含若干个时钟周期。

5. CPU 高级话题

1）CISC 与 RISC

复杂指令集计算机(Complex Instruction Set Computer,CISC)指采用一整套计算机指令进行操作的计算机,其设计理念是要用最少的机器指令来完成所需的计算任务。因此,设计上用专用指令来完成特定的功能,以提高计算机的处理效率。

精简指令集计算机(Reduced Instruction Set Computer,RISC)的设计思路是尽量简化计算机指令功能,只保留那些功能简单、能在一个节拍内执行完成的指令,而把较复杂的功能用一段子程序来实现。

采用 CISC 架构的微处理器,包括 Intel 公司的 x86 系列、Pentium 系列等;采用 RISC 架构的微处理器,包括 ARM、MIPS（Microprocessor without Interlocked Pipelined Stages）等。

2）并行计算(Parallel Computing)

并行计算或称平行计算,是相对于串行计算而言的,它是一种许多指令得以同时进行的计算模式,目的是提高计算速度,以及通过扩大问题求解规模解决大型而复杂的计算问题。并行计算分为时间并行和空间并行。时间并行指的是指令流水线,指令执行周期分节拍,将指令执行分解成多个更细的步骤,每个步骤由专门的硬件分别执行。空间并行是指用多个处理器并发地执行计算。

5.2.2 存储系统

计算机的存储系统呈金字塔层次结构,如图 5.5 所示。自上而下分别为 CPU 内的寄存器、高速缓存、主存储器、磁盘存储器和移动硬盘、U 盘等。自上而下,存储容量越来越大,速度越来越慢,成本越来越低。

1. CPU 内的寄存器

CPU 内的寄存器分为通用寄存器和专用寄存器,容量小,速度快,价格高。

2. 高速缓存

主存访问速度总比 CPU 的速度慢,存储器越慢,CPU 等待的时间越长。目前,技术上的解决办法是利用更小更快的存储设备与大容量低速的主存组合使用,以适中的价格

图 5.5　存储系统的层次结构

得到速度和高速存储器差别不大的大容量存储器。这种更小更快的存储设备称为高速缓存存储器(Cache)，简称高速缓存，逻辑上介于 CPU 和主存之间，可以将其集成到 CPU 内部，也可置于 CPU 之外。高速缓存的工作原理是把使用频率最高的存储内容保存起来。当 CPU 要访问主存时，先访问高速缓存，只有当高速缓存中找不到时才访问内存。高速缓存的理论基础是程序的局部性原理，即 CPU 对主存的访问总是局限在整个主存的某个部分中。

3. 主存储器

主存储器(主存)又叫内存，用来存放计算机运行期间所需要的程序和数据，CPU 可直接随机进行读写。主存容量较小，存取速度较高。主存以字节为单位，每字节称为一个单元。每个单元对应一个唯一的编号，称为地址。一般通过主存地址对主存单元数据进行读写。由于 CPU 要频繁地访问主存，所以主存的性能在很大程度上影响了整个计算机系统的性能。

主存一般包括用于存储数据的存储体，其结构如图 5.6 所示。外围电路用于数据交换和存储访问控制，与 CPU 或高速缓存连接。外围电路中有两个非常重要的寄存

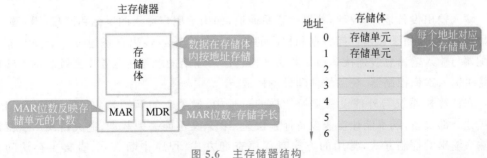

图 5.6　主存储器结构

器——数据寄存器（Memory Data Register,MDR）和地址寄存器（Memory Address Register,MAR），前者是用于临时保存读出或写入的数据，后者用于临时保存访问地址。要访问主存时，首先将要访问的地址送入 MAR，如果是读主存，则在控制电路控制下，将 MAR 指向的主存单元数据送入 MDR，然后发送到 CPU 或高速缓存；如果是写主存，则首先要将需要写入的数据送到 MDR，在控制电路控制下，将 MDR 数据写入 MAR 指向的主存单元。

主存储器按存储信息的特性可分为随机存取存储器（Random Access Memory,RAM）和只读存储器（Read Only Memory,ROM）两类。随机存取存储器（RAM）是既能写入又能读出的存储器，访问时间与所访问的存储单元位置没有关系，具有"易失性"，即只能临时存储数据，一旦机器断电或关机，其存储的信息会立即消失，且无法恢复。而只读存储器（ROM）是一般用户只能读出不能写入和修改的存储器。当机器断电或关机时，ROM 中的信息不会丢失，用于存放一些重要的系统程序，在制造时由厂家用专门的设备写进去。

4. 磁盘存储器

磁盘存储器是以磁盘为存储介质的存储器，具有存储容量大，可长期保存等特点，速度低于主存储器。通常用于存放操作系统、程序和数据，是主存储器的扩充。

5. 移动硬盘、U 盘等

移动硬盘、U 盘等属于外部设备的范畴，统称为辅存。外部设备具有速度慢、价格低等特点。

5.2.3 总线

总线是连接计算机各部件的一组电子管道，负责各个部件之间传递信息。总线是多个系统功能部件之间进行信息传送的公共通路。按照传输数据内容的不同，将总线分为数据总线、地址总线和控制总线。其中，数据总线（Data Bus,DB）用来传输数据信息；地址总线（Address Bus,AB）用于传送 CPU 发出的地址信息；控制总线（Control Bus,CB）用于传送控制信号、时序信号和状态信息等。

5.2.4 输入输出系统

输入输出设备是计算机与外界的联系通道，如用于用户输入的鼠标和键盘，用于输出的显示器，以及用于长期存储数据和程序的磁盘。每个输入输出设备通过一个控制器或适配器与输入输出总线连接。控制并实现信息输入输出的就是输入输出系统。输入输出系统由输入输出控制器、控制软件和设备构成。

在计算机系统与外部设备交换数据的过程中，最关心的问题是如何协调快速 CPU 与慢速外部设备，既不能让慢速设备拖累快速 CPU，又不能丢失数据，造成错误。这就涉及输入输出的控制方式，常用的方式有程序查询方式、程序中断方式、直接主存访问方式等。

5.3　计算机操作系统

5.3.1　操作系统概述

操作系统是方便用户管理和控制计算机硬件和软件资源的系统软件(或程序集合)。操作系统通过管理计算机系统的软硬件资源,为用户提供使用计算机系统的良好环境,并且采用合理有效的方法组织多个用户共享各种计算机系统资源,最大限度地提高系统资源的利用率。

操作系统具有资源管理者和用户接口两重角色。作为资源管理者,其功能主要包括进程管理、存储管理、文件管理和设备管理,主要工作是跟踪资源状态、分配资源、回收资源和保护资源。用户使用计算机时,都是通过操作系统进行的。因此,操作系统成为了用户和计算机之间的接口,主要包括图形界面接口和命令接口等。

目前常用的操作系统有 Windows、UNIX、Linux、macOS、iOS、Android、银河麒麟(KylinOS)和中标麒麟(NeoKylin)等。

5.3.2　进程管理

1. 进程

为了提高计算机资源的利用率,引入多道程序技术,即多个程序在处理机上交替执行。现代操作系统具有并发和共享两大基本特征。所谓并发,即在一个时间段内,多个程序在计算机系统中"一起"执行("并发"区别于"并行",所谓并行,是指两个或多个事件在同一时刻同时发生)。为了使程序能够并发执行,并且对并发执行的程序加以描述和控制,引入了"进程"的概念。进程是可并发执行的程序在一个数据集合上的运行过程,是系统进行资源分配和调度的一个独立单位。进程具有以下特性。

1) 动态性

进程的动态性不仅表现在它是一次"程序的执行",而且还表现在它具有由创建而产生、由调度而执行、由撤销而消亡的生命周期。

2) 并发性

多个进程实体同存于主存中,在一段时间内可以同时运行。

3) 结构特性

进程由程序段和相应的数据段及进程控制块构成,程序只包含指令代码及相应数据。

4) 独立性

进程是操作系统进行调度和分配资源的独立单位。

5) 不确定性

系统中的进程,按照各自的、不可预知的速度向前推进。

进程与程序之间的区别和联系有以下几个方面。

（1）进程是动态的，程序是静态的。可以将进程看作程序的一次执行，而程序是有序代码的集合。

（2）进程是暂时的，程序是永久的。进程存在于主存，程序运行结束就消亡，而程序可长期保存在外存储器上。

（3）进程与程序的组成不同。进程的组成包括程序、数据和进程控制块。

（4）进程与程序密切相关。同一程序的多次运行对应到多个进程；一个进程可以通过调用激活多个程序。

进程和程序的区别如表5.1所示。

表5.1　进程与程序的区别

进　　程	程　　序
动态（程序的一次执行）	静态
暂时的（状态变化过程）	永久的（可复制保存）
进程可创建其他进程	程序不能产生新程序
由程序段、数据段及进程控制块三部分组成	由有序代码组成

2. 操作系统对进程的控制

操作系统必须对进程从创建到消亡这个生命周期的各个环节进行控制，其对进程的管理任务主要包括创建进程、进程调度、阻塞进程、唤醒进程和撤销进程。为了管理进程，需要建立一个专用数据结构，一般称之为进程控制块（Process Control Block，PCB）。进程控制块是进程存在的唯一标志，它跟踪程序执行的情况，表明进程在当前时刻的状态以及与其他进程和资源的关系。

创建进程：首先为进程创建一个进程控制块（PCB），将有关信息填入该PCB，并把PCB插入就绪队列中。

进程调度：操作系统按照某种策略从就绪队列中选择一个进程，将CPU分配给它，使其运行。

阻塞进程：当一个进程正在等待某一事件发生（例如请求I/O而等待I/O完成等）而暂时停止运行，这时即使把处理机分配给进程也无法运行。首先中断CPU，停止进程运行，将进程的当前运行状态信息保存到PCB的现场保护区中；然后将该进程状态设为阻塞状态，并把它插入资源等待队列中；最后系统执行进程调度程序，将CPU分配给另一个就绪的进程。

唤醒进程：当某进程被阻塞的原因消失时，操作系统将其唤醒。首先通过进程标识符找到被唤醒进程的PCB，从阻塞队列中移出该PCB；将PCB的进程状态设为就绪状态，并插入就绪队列。

撤销进程：进程完成了其任务后，操作系统及时回收它占有的资源。根据提供的欲被撤销进程的标识符，在PCB链中查找对应的PCB，执行相应的资源释放工作，主要是释放该进程的程序和PCB所占用的主存空间，以及其他分配的资源。

　大学计算机基础——基于混合式学习

运行中的进程具有 3 种基本状态：运行、阻塞、就绪。这 3 种状态构成了最简单的进程生命周期，进程在其生命周期内的任何时刻都处于这 3 种状态中的某种状态，进程的状态将随着自身的推进和外界环境的变化而变化，由一种状态变迁到另一种状态。进程在整个生命周期内，就是不断地在这 3 种状态之间进行转换，直到进程被撤销。进程状态变迁图如图 5.7 所示。

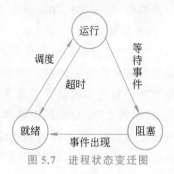

图 5.7　进程状态变迁图

1）就绪→运行

就绪状态的进程，一旦被进程调度程序选中，获得 CPU，便发生此状态变迁。因为处于就绪状态的进程往往不止一个，进程调度程序根据调度策略把 CPU 分配给其中某个就绪进程，建立该进程运行状态标记，并把控制转到该进程，把它由就绪状态变为运行状态，这样进程就投入运行。

2）运行→阻塞

运行中的进程需要执行 I/O 请求时，发生此状态变迁。处于运行状态的进程为完成 I/O 操作需要申请新资源（如需要等待文件的输入），而又不能立即被满足时，进程状态由运行变成阻塞。此时，系统将该进程在其等待的设备上排队，形成资源等待队列。同时，系统将控制转给进程调度程序，进程调度程序根据调度算法把 CPU 分配给处于就绪状态的其他进程。

3）阻塞→就绪

阻塞进程的 I/O 请求完成时，发生此状态变迁。被阻塞的进程在其被阻塞的原因获得解除后，不能立即执行，而必须通过进程调度程序统一调度获得 CPU 才能运行。所以，系统将其状态由阻塞状态变成就绪状态，放入就绪队列，使其继续等待 CPU。

4）运行→就绪

这种状态变化通常出现在分时操作系统中，运行进程时间片用完时，发生此状态变迁。一个正在运行的进程，由于规定的运行时间片用完，系统将该进程的状态修改为就绪状态，插入就绪队列。

3. 进程调度策略

当 CPU 空闲时，操作系统将按照某种策略从就绪队列中选择一个进程，将 CPU 分配给它，使其能够运行。按照某种策略选择一个进程，使其获得 CPU 的过程称为进程调度。引起进程调度的因素有很多，例如正在运行的进程结束运行，运行中的进程请求 I/O 操作，分配给运行进程的时间片已经用完等。

进程调度策略的优劣将直接影响操作系统的性能。目前常用的调度策略如下。

1）先来先服务

按照进程就绪的先后顺序来调度进程，到达得越早，就越先执行。获得 CPU 的进程，未遇到其他情况时，一直运行下去。

2）时间片轮转

系统把所有就绪进程按先后次序排队，并总是将 CPU 分配给就绪队列中的第一个就绪进程，分配 CPU 的同时分配一个固定的时间片（如 50ms）。当该运行进程用完规定的时间片时,系统将 CPU 和相同长度的时间片分配给下一个就绪进程。每个用完时间片的进程,如未遇到任何阻塞事件,将在就绪队列的尾部排队,等待再次被调度运行。

3)优先级法

把 CPU 分配给就绪队列中具有最高优先级的就绪进程。根据已占有 CPU 的进程是否可被抢占这一原则,又可将该方法分为抢占式优先级调度算法和非抢占式优先级调度算法。前者当就绪进程优先级高于正在 CPU 上运行进程的优先级时,将会强行停止其运行,将 CPU 分配给就绪进程;而后者不进行这种强制性切换。短进程优先策略是一种优先级策略,每次将当前就绪队列中要求 CPU 服务时间最短的进程调度执行,但是对长进程而言,有可能长时间得不到调度运行。

4)多级反馈队列轮转

把就绪进程按优先级排成多个队列,赋给每个队列不同的时间片,一般高优先级进程的时间片比低优先级进程的时间片小。调度时按时间片轮转策略先选择高优先级队列的进程投入运行。若高优先级队列中还有其他进程,则按照轮转法依次调度执行。只有高优先级就绪队列为空时,才从低一级的就绪队列中调度进程。

5.3.3　存储管理

操作系统的存储管理,主要是指对主存的管理。存储管理的主要目的,一是要满足多个用户对主存的要求,使多个程序都能运行;二是能方便用户使用主存,使用户不必考虑程序具体放在主存哪块区域。所以,目前操作系统的存储管理一般要实现主存的分配和回收、逻辑地址到物理地址的转换、为操作系统和用户程序提供主存区域的保护、实现主存的逻辑扩充等。

1. 主存的分配与回收

主存的分配策略有连续和离散两种方式。

连续存储分配包括固定分区和可变分区。固定分区式分配是最早使用的一种可运行多道程序的存储管理方式,它将内存空间划分成若干个固定大小的区域,每个区域中驻留一道程序。可变分区分配是根据进程的实际需要和内存空间的分配情况,动态地为进程分配连续的内存空间。连续分配方式会形成许多“碎片”,虽然可以通过“紧凑”的方法将碎片拼接成可用的大块空间,但须为此付出很大开销。连续存储分配固定分区如图 5.8 所示。

分页式存储管理是离散存储管理,是将一个进程的逻辑地址空间分成若干个大小相等的片,称为页面或页,并为各页加以编号,从 0 开始,如第 0 页、第 1 页等。相应地,也把内存空间分成与页面大小相同的若干个存储块,称为(物理)块或页框(frame),也同样为它们加以编号,如 0♯块、1♯块等。在为进程分配内存时,以块为单位将进程中的若干个页分别装入多个可以不相邻接的物理块中。为实现从页号到物理块号的地址映射,引入页表。页表是系统为每个进程建立的一张页面映射,用来记录相应页面在内存中对应的物理块号。这种存储分配方式的优点是碎片小(小于页面大小);缺点是需要额外的页表存储和处理代价,如图 5.9 所示。

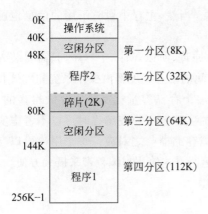

分区号	起始地址	分区大小	状态
1	40K	8K	0
2	48K	32K	1
3	80K	64K	0
4	144K	112K	1

(a) 固定式分区主存分配示意图　　　　　(b) 固定式分区说明

图 5.8　连续存储分配固定分区

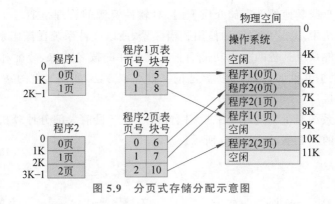

图 5.9　分页式存储分配示意图

2. 逻辑地址到物理地址的转换

逻辑地址(又称相对地址或虚地址)指用户程序经过汇编或编译后形成的目标代码采用的相对地址形式。其首地址为 0,其余指令中的地址都相对于首地址来编址。逻辑地址的集合称为地址空间。

物理地址(又称绝对地址或实地址)是内存中存储单元的地址。物理地址的集合称为存储空间。

将用户程序中的逻辑地址转换为运行时由机器直接寻址的物理地址,称为地址映射。

3. 存储保护

多道程序环境中,存储保护功能能保证各程序只能在自己的存储区活动,不能对别的程序产生干扰和影响。有上下界保护和基址—限长保护等。

4. 虚拟内存

目前普遍采用虚拟存储管理技术对主存进行逻辑上的扩充。基本思想是把有限的主存空间与大容量的外存(一般是硬盘的一部分)统一管理,构成一个远大于实际主存的、虚拟的存储器。此时,外存是作为主存的逻辑延伸,用户并不会感觉到内、外存的区别,即把两级存储器当作一级存储器来看待。一个程序运行时,其全部信息装入虚拟内存,实际上可能只有当前运行所必需的一部分程序和数据存入主存,其他则存于外存,当所访问的信息不在主存时,系统自动将其从外存调入主存。当然,主存中暂时不用的信息也可调至外存,以腾出主存空间供其他程序使用。

虚拟存储思想的理论依据是程序的局部性原理,所以,对一个程序,只需要装入其中的一部分就可以有效运行。信息在主存和外存之间的动态调度都由操作系统和硬件相配合自动完成,这样的计算机系统好像为用户提供了一个存储容量比实际主存大得多的存储器。对用户而言,只感觉到系统提供了一个大容量的主存。用户在编程时可以不考虑实际主存的大小,认为自己编写多大程序就有多大的虚拟存储器与之对应。每个用户可以在自己的逻辑地址空间中编程,在各自的虚拟存储器上运行。这给用户编程带来极大方便。

5.3.4 文件管理

操作系统的功能之一是对计算机系统的软件资源进行管理,而软件资源通常是以文件形式存放在磁盘或其他外部存储介质上的,对软件资源的管理是通过文件系统来实现的。在计算机系统中,对软件资源的使用相当频繁,所以文件系统在操作系统中占有非常重要的地位。文件系统具备的主要功能有:实现文件的按名存取,分配和管理文件的存储空间,建立并维护文件的目录,提供合适的文件存取方法,实现文件的共享与保护,提供用户使用文件的接口。

常用的文件系统有 EXT、HPFS、FAT、NTFS 等。目前大部分计算机操作系统使用的是安全性较好的 NTFS,如图 5.10 所示。

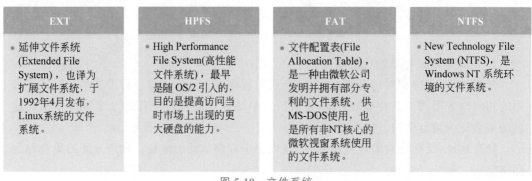

EXT	HPFS	FAT	NTFS
• 延伸文件系统(Extended File System),也译为扩展文件系统,于1992年4月发布,Linux系统的文件系统。	• High Performance File System(高性能文件系统),最早是随OS/2引入的,目的是提高访问当时市场上出现的更大硬盘的能力。	• 文件配置表(File Allocation Table),是一种由微软公司发明并拥有部分专利的文件系统,供MS-DOS使用,也是所有非NT核心的微软视窗系统使用的文件系统。	• New Technology File System (NTFS),是Windows NT系统环境的文件系统。

图 5.10　文件系统

常用的文件操作有创建/删除文件、打开/关闭文件、读写文件、文件截断和文件的读写定位等。

5.3.5 设备管理

现代计算机系统中常配有各种类型的设备,并且同一类型的设备可能有多台,实现统一管理十分必要。在实际应用中,I/O 设备能否做到及时传输各种信息给计算机系统至关重要。设备管理主要任务包括设备分配与释放、实现 I/O 设备和 CPU 之间进行数据交换、提供接口和统一管理等。

5.3.6　用户接口

　　用户接口负责用户与操作系统之间的交互。通过用户接口,用户能向计算机系统提交服务请求,而操作系统通过用户接口提供用户所需的服务。

　　操作系统面向不同的用户提供了不同的用户接口——人机接口和 API 接口。前者给使用和管理计算机应用程序的人使用,包括普通用户和管理员用户,主要有命令行界面和图形用户界面。后者是应用程序接口,供应用程序使用。

5.4　机载计算机系统

5.4.1　机载计算机硬件系统

1. 航空电子系统

　　航空电子系统简称航电系统,它是由一系列相互作用、相互依赖的电子子系统和电子设备综合而成的,具有特定功能的有机整体。有时也把航电系统看作现代飞机所装备的所有电子子系统和电子设备的总称。

　　随着电子技术的不断进步和任务需求的牵引,尤其是战争的推动,航电系统已由早期分立的、不成系统的仪表发展成为一个由多系统组成且通过总线交联的,统一控制、集中管理的多功能电子信息系统,它担负着飞机通信、导航、飞行控制、目标搜索、识别与跟踪、火控计算、武器投射和制导、电子战等多重任务,是现代战斗机的"大脑"和"神经中枢"。航电系统与飞机平台、机载武器一起成为衡量现代军用飞机作战性能的三大要素,是实现先敌发现、先敌攻击和先敌摧毁的关键。

　　要取得信息优势,使航电系统发挥最佳效能,需要采用先进的系统架构,并在信息链的各个环节中应用各种先进技术。其中机载计算机与总线网络是航电系统信息处理、存储和传输的主要设备。机载计算机与总线网络技术,伴随着航电系统的发展而发展,其水平基本代表了航电系统的水平,是航电系统的功能软件化、架构综合化发展的基础。

2. 机载计算机系统

　　机载计算机与通用计算机的硬件体系相似,但是机载计算机的应用场合与任务需求有别于通用计算机。例如,其通常不具备键盘、鼠标、显示器等通用计算机必备的外部设备,而是采用机载计算机处理器模块、存储器模块、电源模块和外部接口(总线接口、网络接口、传感器/作动器接口)的结构形式,如图 5.11 所示。

　　协助飞行员获取信息,用于信息处理、数据融合、辅助决策的信息处理类计算机,如显控计算机和任务计算机等,主要采用总线网络接口输入/输出信息。而用于直接控制机载设备的控制类计算机,如飞控计算机和机电管理计算机等,则以专用的设备控制接口为主。但随着机载设备综合化程度的提高,一台机载计算机通常会同时承担信息处理和设

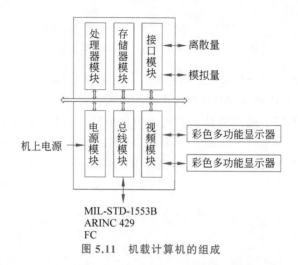

图 5.11　机载计算机的组成

备控制等多项处理任务,上述两种机载计算机在物理组成上的区别将逐步缩小。

机载计算机的任务可以被飞行员人工启动,也可以被控制过程或状态自动启动,传感器将控制过程和环境的状态参数,如压力、速度、高度等通过接口模块输入机载计算机的处理器模块,经过程序运算处理,输出的控制和显示信号通过相应的接口模块完成作动器控制和显示功能,如图 5.12 所示。

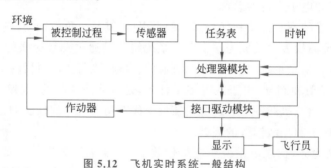

图 5.12　飞机实时系统一般结构

3. 航空显示控制系统

显示控制系统(DCS)是随着飞机航电系统发展而产生的用于对飞机综合航电火控系统进行信息集中显示与系统控制管理的电子系统,它是飞机综合航电火控系统中的核心分系统,承担了整个航空电子系统的集中控制、集中显示和集中管理任务。

1) 显示控制系统的主要功用

(1) 显示(座舱显示基本结构)。

(2) 控制(各种按键、开关和旋钮、握杆控制等人机控制接口)。

2) 综合显示控制系统的结构

(1) 单总线单显示控制处理机型显示控制系统的结构。

它采用 1 条多路数据传输总线(1553B 总线)、1 台显示控制处理机、1 台显示器。显示控制处理机挂接在 1553B 总线上。座舱电视摄像机通过显示控制处理机向显示器和视频磁带记录仪输出电视信号。视频磁带记录仪记录的视频信号可以通过地面视频重放

　　大学计算机基础——基于混合式学习

设备,把空中记录的画面在必要时进行重放。控制板通过显示控制处理机内部总线采集操纵信息和对其他机载电子设备发布命令。

(2) 单总线双显示控制处理机型显示控制系统的结构。

它采用 2 台结构完全相同的显示控制处理机。平时只有一台显示控制处理机处于工作状态,另一台处于热备份状态。一旦处于工作状态的显示控制处理机出现故障,则热备份中的显示控制处理机自动接替工作。一条多路数据传输总线由 A、B 两个信道组成。显示系统的显示器一般由 1 台平视显示器和数台下视显示器组成,它们由 2 台显示控制处理机驱动。显示器 1 和显示器 2 可以显示不同的显示画面,也可以互相构成余度。座舱电视摄像机同时向 2 台显示控制处理机提供全电视信号。视频磁带记录仪随时记录工作中的显示控制处理机产生的显示图像信号。控制板也将随时与 2 台显示控制处理机保持通信联系。

(3) 双总线双显示控制处理机型显示控制系统的结构。

它与单总线双显示控制处理机型显示控制系统结构的差别主要反映在多路数据传输总线的结构上。其余部分如显示器、视频磁带记录仪、控制板等部件可以根据飞机需要增加或减少。2 台显示控制处理机中都有 2 个 1553B 总线控制器 MBI,每个 MBI 包含 A、B 两个信道,这样就可以同 2 条 1553B 总线进行数据通信。

3) 显示控制系统的组成

(1) 显示控制管理处理机(DCMP)。DCMP 是显示控制系统的核心部件,它承担 DCS 分系统的显示驱动、控制、视频处理等功能,以及整个综合航电火控系统的总线控制和任务管理。其负责显示系统与机上其他机载设备的信号交联,接收飞机的导航、作战信息,进行图形显示或图像处理,并把控制器输入的命令或操作状态发送给相关机载设备。

中央处理器与多路传输数据总线接口、视频接口、输入输出接口等模块上的 CPU 构成一个多计算机系统。中央处理器与它们之间构成主从结构关系,数据通信采用 DMA 方式。

存储器由只读存储器 EPROM、随机存储器 SRAM 和双端口共享存储器组成。EPROM 用作程序存储器,SRAM 用来存放数据。多路传输数据总线接口模块与中央处理器之间的接口是通过共享存储区和中断进行的。

多路传输数据总线控制器通过 DMA 控制或双口 RAM 实现和主处理机之间的信号交联,通过两片总线收发器与两条总线相连接,使 MBI 具有双余度的传输线驱动接口。根据综合显示控制系统的要求,MBI 一般采用标准的模块,兼有总线控制器(BC)或远程终端(RT)功能。

视频接口的功能是,生成笔画方式或光栅方式的符号、从不同视频源接收视频信号、进行符号和视频信号的叠加、形成视频记录器的视频信号、同步驱动多台显示器和视频记录器。

输入输出接口内部具有一个独立的处理器,用于处理显示控制处理机和与其相连接的 LRU 间的输入输出。输入输出接口模块与 CPU 之间采用 FIFO 和寄存器方式进行通信,可以处理离散开关输入信号、模拟输入信号、RS-422 串行通信信号。

(2) 显示器。有 1 台平视显示器和若干下视显示器(头盔显示系统还有头盔显示器)。根据飞机的具体型号,其显示器的台数有较大差异。显示器在显示控制处理机的统一管理和控制下,通过数据总线传输信息,按功能不同显示不同的信息。

彩色多功能显示器(MFCD)与两台DCMP连接,接收DCMP输出的显示信号,向飞行员提供导航参数、雷达、外挂和系统状态信息,是飞行员与飞机间最重要的人机界面。

(3)控制器。一般包括航空电子启动板、正前方控制板和握杆操纵控制器等部分。

航空电子启动板的功能包括:①启动或关闭航空电子系统,并可检查和报告各航空电子系统的开关状态;②设置和报告子系统的工作模式。

正前方控制板的功能包括:①安装在平视显示器的前面板上,位于飞行员前方,是一个可平视操纵的显示板,可使飞行员能平视快速和方便操作各种功能;②显示选择的系统工作状态、工作方式或选择的数据;③选择工作方式和输入或修改各种数据。

握杆操纵控制器把重要的控制器(开关、旋钮等),特别是作战中必须操作的开关集中到驾驶杆和油门杆上。在关键的作战飞行阶段,驾驶员的手不必离开驾驶杆或油门杆就能操纵这些控制器,统一控制主要的传感器、武器和显示器。

(4)视频记录系统。包括:①座舱视频摄像机;②视频记录器;③视频控制板。

5.4.2 机载计算机软件系统

1. 功能与特点

机载软件是航空电子系统的重要组成部分。随着航空电子系统结构的发展和任务功能的增长,越来越多的功能将由软件来实现,机载软件在现代作战飞机中担负着从探测、通信、导航、显示控制、信息/数据处理、飞行控制到火力控制、悬挂物管理、武器投放,以及电子战等众多的飞行使命和作战使命,因此航空电子系统将在更大程度上是"软件密集型系统"。

航空电子系统软件相比普通的应用软件,具有以下特点:一是大部分的航空电子系统软件需要实时和准确地响应外部随时发生的事件,具有实时性的要求;二是由于航空电子系统对安全性的要求非常高,所以相应地对航空电子系统软件的安全性和可靠性有非常高的要求;三是满足综合模块化航空电子系统中资源高度共享的特点,在以前独立式及联合式的航空电子系统中,软件的设计是面向特定的硬件环境的,而在综合模块化航空电子系统中,软件的设计是面向模块的,要考虑综合化和共享硬件资源的因素。但是在各种资源共享于同一处理器的情况下又产生了新的问题,即驻留在同一处理器上的各种任务由于关键程度不同,因而会相互产生影响。而在航空电子系统中,要求不同重要级别的任务(任务关键型任务、生存关键型任务及安全关键型任务)之间是不能互相影响的,特别是低级别任务不能影响高级别任务。因此,综合模块化航空电子系统中运行在同一处理器上的应用软件必须做到不相互影响。

2. 操作系统

在机载设备中,操作系统为软件应用提供运行支持,负责机载设备硬件资源的管理,为机载应用提供与硬件无关的运行环境。机载计算机操作系统的发展是伴随着硬件和应用软件功能的发展从无到有,从早期的没有操作系统到专用操作系统,再到通用分区操作系统。

在联合式航空电子系统结构的机载计算机中,机载操作系统普遍采用如图 5.13 所示的结构,同一模块中的应用共享硬件及操作系统资源,应用间无隔离保护,这种操作系统的典型代表是 Wind River 公司的 VxWorks 5.5/6.x。虽然该系统被广泛应用于各类机载计算机系统中,但当航空电子系统普遍开始采用综合模块化结构时,原来运行在不同机载计算机中的应用被集成到一个硬件平台中,原先的物理隔离特性就改由机载操作系统提供。因此,这种结构的操作系统已不能满足需求。

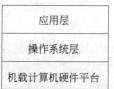

图 5.13 联合式航空电子系统机载操作系统结构

综合模块化航空电子系统采用了开放式软件体系结构,软件分层的方法被综合模块化航空电子系统所采用。软件分层的方法就是在应用软件层、操作系统层及硬件层建立标准接口,各个层之间通过标准接口进行相互访问。这样做的目的是要实现应用软件与底层硬件环境之间的隔离,具有代表性的是满足 ARINC 653 标准的综合模块化航空电子系统软件体系结构,如图 5.14 所示。分区是 ARINC 653 中的核心概念,指的是航空电子应用中的一种功能划分。每个分区都具有独立的数据、上下文和运行环境,分区的优点包括:能够防止错误在分区间传播并引起系统故障;能够将航空应用软件按照关键级别分解成不同的构件,使系统的升级和维护更加容易,大幅降低未来航电系统中软件的开发成本。

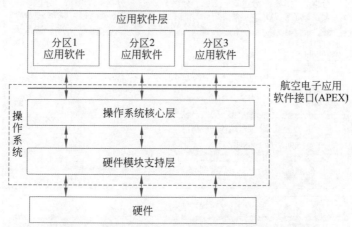

图 5.14 综合模块化航空电子系统软件体系结构

(1) 应用软件层。包括航空电子系统中所有应用软件的功能模块。在航空电子系统中,一个通用硬件模块可以支持一个或多个航空电子应用软件,并保证这些应用软件之间相互独立运行。对运行在通用硬件模块上的多个应用软件按功能划分为多个分区,一个分区由一个或多个并行的进程组成,分区内所有进程共享分区所占有的系统硬件资源。

(2) 航空电子应用软件接口。定义了应用软件层与操作系统核心层之间的接口。该接口的定义使得操作系统的更新不会影响应用软件层。

(3) 操作系统核心层。提供了实时操作系统的一般服务,主要包括调度、通信、同步与异步操作、存储器管理、异常/中断处理等服务。核心层独立于硬件,在移植时无须改动,其主要负责分区管理和分区之间的通信,分区间的通信可以是核心模块内通信,也可以是跨越核心模块间的通信。在分区内负责进程管理和进程之间的通信。操作系统核心层对分区所占用的处理时间、内存和其他资源拥有控制权,从而使得核心模块中各分区相互独立。分区管理保证了同时运行的多个不同类型的应用软件在时间上和空间上互不影响。

（4）硬件模块支持层。由满足操作系统模块接口规范的专用硬件模块支持软件组成。

3. AcoreOS（天脉操作系统）

天脉操作系统是国产嵌入式操作系统品牌。天脉系列国产操作系统具有自主知识产权,具有高实时性、高安全性、高可靠性的特点,可应用于国防装备、轨道交通、工业控制等多个领域,为关键系统的信息安全和自主可控提供坚实的后盾。

天脉系列产品分为天脉 1 和天脉 2。天脉 1 操作系统为基本平板管理模式,响应能力强,结构简洁、高效,在单个应用的电子设备中广泛应用。天脉 2 是具有新一代综合化模块化航空电子系统特征、满足 ARINC 653 标准的"时间""空间"健壮分区保护的操作系统产品。天脉多核操作系统除了实现基本任务调度、设备管理等功能外,还能够实现时间分区管理、空间分区管理、健康监控、分区间通信等功能。除 ARINC 653 标准之外,天脉 2 还实现了新型航空电子标准 ASSAC 所定义的三层结构,即模块支持层、操作系统层和应用层。天脉 2 体系结构如图 5.15 所示。

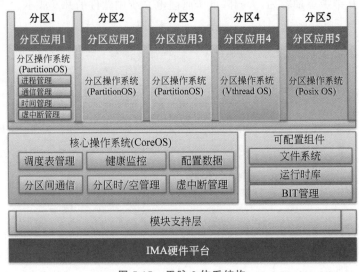

图 5.15　天脉 2 体系结构

5.5　本章小结

本章介绍计算机系统,包含计算机硬件系统、计算机操作系统和机载计算机系统,其中计算机硬件系统包含中央处理器、存储器、总线和输入输出系统;计算机操作系统包含进程管理、存储管理、文件管理、设备管理和用户接口;机载计算机系统包含机载计算机硬件系统和机载计算机软件系统。

习 题 5

（一）

1. 计算机之所以能按人们的意图自动进行工作，最直接的原因是采用了（　　）。
   A. 二进制　　　　　　　　　　　　　B. 高速电子元件
   C. 程序设计语言　　　　　　　　　　D. 存储程序控制

2. Intel Core i7（酷睿 i7）处理器是（　　）位四核 CPU。
   A. 16　　　　　　B. 32　　　　　　C. 64　　　　　　D. 128

3. CPU 的主要性能指标之一的（　　）用来表示 CPU 内核工作的时钟频率。
   A. 外频　　　　　B. 主频　　　　　C. 位　　　　　　D. 字长

4. 计算机硬件能直接识别、执行的语言是（　　）。
   A. 汇编语言　　　B. 机器语言　　　C. 高级程序语言　D. C++ 语言

5. 下列关于 CPU 的相关叙述中正确的是（　　）。
   A. 多核计算机是指计算机有多个 CPU
   B. 外存储器通过接口和 CPU 直接交换信息
   C. CPU 可以保存计算的中间结果
   D. CPU 通过总线直接与内存交换信息

6. "8GB 2400 DDR4"是现在个人计算机中（　　）的规格说明。
   A. 主存　　　　　B. 外设　　　　　C. 总线　　　　　D. 接口电路

7. 下面 4 条常用术语的叙述中，有错误的是（　　）。
   A. 计算机的硬件平台至少要包含主机和支持应用所必需的外部设备
   B. 读写磁头是既能从磁表面存储器读出信息又能把信息写入磁表面存储器的装置
   C. 总线是计算机系统中各部件之间传输信息的公共通路
   D. 计算机的硬件计算环境最主要的是内存容量

8. 指出 CPU 下一次要执行的指令地址的部分称为（　　）。
   A. 程序计数器　　B. 指令寄存器　　C. 目标地址码　　D. 数据码

9. 下列 4 种存储器中，存取速度最快的是（　　）。
   A. 硬盘　　　　　B. RAM　　　　　C. U 盘　　　　　D. CD-ROM

10. 下列设备组中，完全属于计算机输出设备的一组是（　　）。
    A. 喷墨打印机，显示器，键盘　　　　B. 激光打印机，键盘，鼠标
    C. 键盘，鼠标，扫描仪　　　　　　　D. 打印机，绘图仪，显示器

习题 5（一）参考答案

(二)

11. 现代操作系统具有并发性和共享性，是由(　　)的引入而导致的。

    A. 单道程序　　　　B. 磁盘　　　　　　C. 对象　　　　　　D. 多道程序

12. 当(　　)时，进程从执行状态转变为就绪状态。

    A. 进程被调度程序选中　　　　　　　　B. 时间片用完

    C. 等待某一事件　　　　　　　　　　　D. 等待的事件发生

13. 现代操作系统的两个基本特征是(　　)和资源共享。

    A. 多道程序设计　　　　　　　　　　　B. 中断处理

    C. 程序的并发执行　　　　　　　　　　D. 实现分时与实时处理

14. 进程调度的主要功能是(　　)。

    A. 选择一个作业调入内存

    B. 选择一个主存中的进程调出外存

    C. 选择一个外存中的进程调入内存

    D. 将一个就绪的进程投入运行

15. 进程和程序的一个本质区别是(　　)。

    A. 前者为动态的，后者为静态的

    B. 前者存储在内存，后者存储在外存

    C. 前者在一个文件中，后者在多个文件中

    D. 前者分时使用 CPU，后者独占 CPU

16. CPU 输出数据的速度远远高于打印机的打印速度，为了解决这一矛盾，可采用(　　)。

    A. 并行技术　　　　B. 通道技术　　　　C. 缓冲技术　　　　D. 虚存技术

17. 现代操作系统中，提高内存利用率主要是通过(　　)功能实现的。

    A. 对换　　　　　　B. 内存保护　　　　C. 地址映射　　　　D. 虚拟存储器

18. 外存上存放的数据(　　)。

    A. CPU 可直接访问　　　　　　　　　　B. CPU 不可访问

    C. 是高速缓冲器中的信息　　　　　　　D. 必须在访问前先装入内存

19. 现代操作系统中，使每道程序能在不受干扰的环境下运行，主要是通过(　　)功能实现的。

    A. 对换　　　　　　B. 内存保护　　　　C. 地址映射　　　　D. 虚拟存储器

20. 下列属于离散存储管理方式的是(　　)。

    A. 分页存储管理　　B. 固定分区　　　　C. 可变分区　　　　D. 单一连续分配

习题 5(二)参考答案

拓 展 提 高

1. 用 Python 语言实现一个玩具计算机,包含 8 条指令,如表 5.2 所示。要求该玩具计算机能够正确执行下面的程序 1～程序 3。

表 5.2 玩具计算机指令集

序号	指 令 名 称	指 令 含 义
1	GET	从键盘读入数据存入累加器
2	PRINT	打印累加器内容
3	STORE M	累加器内容存入变量 M
4	LOAD M	变量 M 的值加载到累加器 A
5	ADD M	变量 M 的值与累加器 A 的值相加,和送累加器 A
6	STOP	结束程序执行
7	GOTO LABEL	跳转到标号 LABEL 处
8	IFZERO LABEL	累加器 A 的值为 0 时,跳转到标号 LABEL 处
9	var＝n	给变量 var 赋值 n

程序 1:

```
GET
PRINT
STOP
```

程序 2:

```
GET
STORE FIRSTNUM
GET
ADD FIRSTNUM
PRINT
STOP]
```

程序 3:

```
SUM=0
TOP:GET
  IFZERO BOT
  ADD SUM
  STORE SUM
```

```
GOTO TOP
BOT:LOAD SUM
   PRINT
   STOP
```

2. 根据表 5.3 中的信息,分别说明使用先来先服务、时间片轮转、短进程优先、不可抢占式优先级法和可抢占式优先级法时进程调度情况。时间片为 1 个单位时间(提示:参考常用调度策略)。

表 5.3 信息表

进 程 名	产生时间	要求服务时间	优 先 级
P1	0	10	3
P2	1	1	1
P3	2	2	3
P4	3	1	4
P5	4	5	2

3. 假设某系统内存共 256KB,其中操作系统占用低址 40KB,有这样一个程序执行序列:程序 1(46KB)、程序 2(32KB)、程序 3(38KB)、程序 4(40KB)连续进入系统,经过一段时间运行,程序 1、3 先后完成。此时程序 5(80KB)要求进入系统,假设系统采用连续存储管理中的可变分区存储管理策略,处理上述程序序列,试完成:

(1)画出程序 1、2、3、4 进入内存后,内存的分配情况。

(2)画出程序 1、3 完成后,内存分配情况。

(3)画出程序 5 进入内存后,内存的分配情况。

第 5 章拓展提高参考答案

课 外 资 料

新中国第一台计算机

1953 年 1 月,华罗庚受命在刚成立不久的中国科学院数学所内组建中国第一个计算机科研小组,清华大学电机系闵大可教授任组长,这个小组的目标就是研制中国自己的计算机。

1956 年 4 月,在周恩来总理亲自领导制定 12 年科技发展远景纲要时,华罗庚被任命为计算技术规划组组长,负责起草中国计算机事业发展的蓝图。规划实施的结果促成了

———————— 大学计算机基础——基于混合式学习

中国科学院计算技术研究所的诞生。

1956年，中国成立中科院计算技术研究所筹备委员会，中国第一台小型计算机103机设计完成。国营738厂用时8个月，实现了这台计算机的制造工作。

在计算机领域，万事开头"大"，新中国的第一台计算机仅主机部分的几个大型机柜就占地40m^2，机体内有近4000个半导体锗二极管和800个电子管。

1958年8月1日，103机完成了4条指令的运行，这标志着由中国人制造的第一架通用数字电子计算机正式诞生。

103机采用磁芯和磁鼓存储器，内存仅有1KB，运算速度为每秒30次。仅一年之后，104机就成功问世，运算速度提升到每秒1万次。从30次到1万次，只走过一年多的时间。

103机、104机都属我国第一代电子管计算机，它们的相继推出，标志着我国初生的计算机事业蹒跚起步，并为我国解决了大量过去无法计算的经济和国防等领域的难题，填补了我国计算机科学技术方面的空白，成为我国计算机工业发展史上的一个里程碑。103机、104机投入运行后，解决了水坝应力分析、天气数值预报、大地测量、石油勘探等与国家建设事业有密切关系的复杂计算问题。自此后，国内计算机研制、生产工作开展起来，逐步形成了中国的计算机工业。

104机完成后，我国许多科学重大课题纷纷上机运算。我国第一颗原子弹研制当中的计算任务，军委测绘总局的大地测量计算任务，铁路车站最优分布计算，以及5个大型水坝应力计算任务都是在这台计算机上实现的。

国产CPU

CPU是底层硬件基础设施中的核心，当前主流芯片架构为ARM和x86，均为国外主导，芯片国产化率较低。国家启动发展国产CPU的泰山计划，863计划也提出自主研发CPU。2006年核高基专项启动，国产CPU领域迎来新一轮的国家支持，鲲鹏、飞腾、龙芯、兆芯、海光、申威等一批优质国产CPU厂商快速崛起。

海光信息和兆芯采用x86架构IP内核授权模式，可基于公版CPU核进行优化或修改，优点是性能起点高、生态壁垒低，缺点是需要支付授权费、自主创新程度较低。海光最新一代CPU已接近国际同类高端产品水平，并兼容x86指令集。鲲鹏和飞腾采用ARM指令集架构授权，可自行设计CPU内核和SOC，也可扩充指令集，自主化程度相对较高。鲲鹏920处理器是业内首款7nm数据中心ARM处理器，非x86架构芯片中鲲鹏920芯片在算力维度方面优势领先，且发展至今已经达到可以与x86芯片相匹配的性能。龙芯中科采用自研的LoongArch指令集，拥有较强的自主性和可靠性，其秉承独立自主和开放合作的运营模式，从指令集/IP核授权、到芯片级/主板级开发及系统内核应用等方面对生态伙伴进行全方位的开放支持。申威采用自研的申威64位指令集，重点应用于特种领域，努力实现在国防和网络安全领域芯片的自主可控。随着其产品技术的日益成熟，其生态也不断趋于完善。海思、飞腾均已经获得ARMv8永久授权，尽管ARM此前表态ARMv9架构不受美国出口管理条例约束，华为海思等国内CPU产商依然可获授权，但是ARMv9不再提供永久授权，采用ARM架构仍有长期隐患。

三进制计算机

1958 年 12 月在莫斯科大学，一群年轻的科学家研制出世界上第一台可以运行的三进制计算机 Сетунь，这台样机成功运行了 17 年。而让它停止运行的并不是岁月的老化，而是工人的铁锤。这款三进制计算机，一共生产了 50 台。在那个计算机刚刚诞生的年代，这是一个很高的产量了。

Сетунь 的优秀性能震惊了苏联高层，与同时期的美国二进制计算机相比，三进制计算机 Сетунь 的运算速度更快，价格优势更明显，二进制计算机是三进制 Сетунь 的 2.5 倍。同样数量的晶体管三进制的 Сетунь 能存储的信息更多，并且三进制更加不容易坏。Сетунь 计算机和它的兄弟 Сетунь 70 一经诞生，便远销海外。法国人、德国人，甚至是美国人，都从苏联走私三进制计算机。其中法国是最积极的，大量走私到法国的三进制计算机，也为法国日后研究激光三进制计算机提供了经验。

在 Сетунь 的优秀性能震惊了苏联高层的同时，苏联也开始出现不同的声音，最后导致苏联官僚下令莫斯科大学停止生产三进制计算机，转而生产二进制计算机。但是莫斯科大学的研究人员认为三进制计算机的性能优异，是未来科技发展的方向，仍然继续研究三进制计算机。Сетунь 70 在那段没有政府经费的岁月里艰难诞生，这台优秀的双堆栈三进制计算机，启发了荷兰计算机科学家迪杰斯特拉，为他日后提出"结构化程序设计"思想打下了基础。

莫斯科大学的研究人员，最终在没有经费的困境中停止了三进制计算机的研发。但是三进制计算机并没有消失。法国、中国、德国、美国都在进行三进制计算机的研发。其中最出名的就是法国的激光三进制计算机和中国清华大学的三进制计算机，而德国科学家更是声称 2040 年三进制计算机取代二进制计算机。

相比于二进制计算机，三进制计算机拥有更强的性能，在同样都是 14nm 工艺的情况下，三进制计算机可以在相同面积下容纳更多数量的晶体管，这就带来更高的频率、更低的功耗、更优良的稳定性。这一切都来自于三进制的数学优势，而非物理层面上的制程进步。

芯 片 制 造

芯片制造包含数百个步骤，从设计到量产可能需要 4 个月。在晶圆厂的无尘室里，珍贵的晶圆片通过机械设备不断传送，整个过程中，空气质量和温度都受到严格控制。芯片制造的关键工艺如下。

（1）沉积。制造芯片的第一步，通常是将材料薄膜沉积到晶圆上。材料可以是导体、绝缘体或半导体。

（2）光刻胶涂覆。进行光刻前，首先要在晶圆上涂覆光敏材料"光刻胶"或"光阻"，然后将晶圆放入光刻机。

（3）曝光。在掩模版上制作需要印刷的图案蓝图。晶圆放入光刻机后，光束会通过掩模版投射到晶圆上。光刻机内的光学元件将图案缩小并聚焦到光刻胶涂层上。在光束的照射下,光刻胶发生化学反应,光罩上的图案由此印刻到光刻胶涂层。

(4) 计算光刻。光刻期间产生的物理、化学效应可能造成图案形变,因此需要事先对掩模版上的图案进行调整,确保最终光刻图案的准确。ASML 将现有光刻数据及晶圆测试数据整合,制作算法模型,精确调整图案。

(5) 烘烤与显影。晶圆离开光刻机后,要进行烘烤及显影,使光刻的图案永久固定。洗去多余光刻胶,部分涂层留出空白部分。

(6) 刻蚀。显影完成后,使用气体等材料去除多余的空白部分,形成 3D 电路图案。

(7) 计量和检验。芯片生产过程中,始终对晶圆进行计量和检验,确保没有误差。检测结果反馈至光刻系统,进一步优化、调整设备。

(8) 离子注入。在去除剩余的光刻胶之前,可以用正离子或负离子轰击晶圆,对部分图案的半导体特性进行调整。

(9) 视需要重复制程步骤。从薄膜沉积到去除光刻胶,整个流程为晶圆片覆盖上一层图案。而要在晶圆片上形成集成电路,完成芯片制作,这一流程需要不断重复,可多达100 次。

(10) 封装芯片。最后一步,切割晶圆,获得单个芯片,封装在保护壳中。这样,成品芯片就可以用来生产电视、平板计算机或者其他数字设备了!

常见的国产操作系统

(1) 深度 Linux(Deepin)。原名 Linux Deepin,基于 Linux 内核的操作系统。

(2) 优麒麟(Ubuntu Kylin)。由中国 CCN(由 CSIP、Canonical、NUDT 三方联合组建)开源创新联合实验室与天津麒麟信息技术有限公司主导开发的全球开源项目。看名字不难看出是基于 Ubuntu 的发行版。

(3) 统一操作系统(UOS)。2019 年中国电子、武汉深之度、南京诚迈、中兴新支点等多家企业联合打造的 Linux 发行版。

(4) 中兴新支点桌面操作系统。中兴新支点操作系统由广东新支点技术服务有限公司发布,基于 Linux 稳定内核。

(5) 中标麒麟(NeoKylin)。是上海中标发布的面向桌面应用的操作系统产品。

(6) 银河麒麟。由国防科技大学、中软公司、联想公司、浪潮集团和民族恒星公司合作研制的闭源服务器操作系统。

(7) startOS(起点操作系统)。其前身是由雨林木风的 ylmfos 开发组所研发的ylmfos。

(8) 鸿蒙操作系统(HarmonyOS)。华为公司研发的操作系统。

Linux、UNIX 操作系统的主要特点

Linux 操作系统的主要特点如下。

(1) 完全免费。Linux 系统是全免费软件。用户不仅可以免费得到其源代码,而且可以任意修改,这是其他商业软件无法做到的。正是由于 Linux 系统的这一特征,吸引了

广大的计算机爱好者对其进行不断地修改、完善和补充,使 Linux 系统得到不断发展。

(2) 良好的操作界面。Linux 系统的操作既有字符界面也有图形界面。其图形界面类似于 Windows 系统界面,方便熟悉 Windows 系统的用户进行操作。

(3) 强大的网络功能。由于 Linux 系统源于 UNIX 系统,而 UNIX 系统具有强大的网络功能,因此,Linux 系统也具有强大的网络功能。

(4) 设备独立性。操作系统把所有外部设备统一当作文件来看待,只要安装它们的驱动程序,任何用户都可以像使用文件一样,操纵、使用这些设备,而不必知道它们的具体存在形式。Linux 是具有设备独立性的操作系统,它的内核具有高度适应能力。

(5) 可靠的安全系统。Linux 采取了许多安全技术措施,包括对读、写控制,带保护的子系统,审计跟踪,核心授权等,这为网络多用户环境中的用户提供了必要的安全保障。

(6) 良好的可移植性。将操作系统从一个平台转移到另一个平台使它仍然能按其自身的方式运行的能力。Linux 是一种可移植的操作系统,能够在从微型计算机到大型计算机的任何环境中和任何平台上运行。

UNIX 操作系统是一种功能强大的多用户、多任务操作系统,支持多种处理器架构,按照操作系统的分类,属于分时操作系统,最早由 KenThompson、Dennis Ritchie 和 Douglas McIlroy inBell 实验室于 1969 年开发,其商标权归国际开放标准组织所有,只有符合单一 UNIX 规范的 UNIX 系统才能使用 UNIX 名称,否则只能称为 UNIX like。

UNIX 系统体系结构可以分为 3 部分:操作系统内核(它是 UNIX 系统的核心管理和控制中心,用于系统启动时启动或驻留在内存中)、系统调用(用于程序开发者在开发应用程序时调用系统组件,包括进程管理、文件管理、设备状态等)、应用程序(包括各种开发工具、编译器、网络通信处理程序等,所有应用程序都在 Shell 的管理和控制下为用户服务)。

第 **6** 章 办公信息处理

WPS Office 办公软件作为强大的自动化办公工具,是人们日常生活、工作中应用最广泛的软件之一。其中,文字文档处理提供了许多易于使用的文档创建工具,以及一套丰富的处理复杂文档的功能,帮助人们大幅节省办公时间,获得优美、专业的文档。演示文稿可以快速制作在演讲、课堂等大屏幕上播放的内容,适用于工作汇报、企业宣传、产品推荐、项目竞标、管理咨询、教育培训等领域,并具有相册制作、文稿合并、母版运用、动画控制等功能。电子表格处理以其优秀的计算功能和丰富的图表功能成为最流行的数据处理工具之一,可以进行复杂的数据计算,并在统计操作后,将数据显示为具有良好可见性的表格或图表。本章介绍 WPS Office 办公软件的常用操作。

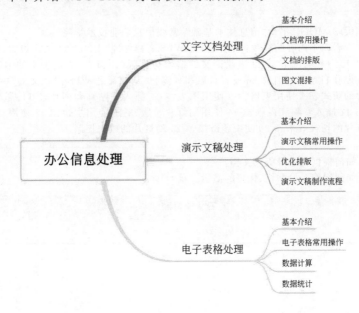

学习任务单（一）

一、学习指南

章节名称	第 6 章　办公信息处理 6.1 文字文档处理　6.2 演示文稿处理
学习目标	(1) 会使用 WPS Office 办公软件进行文档排版，包括字符、段落、图片、表格的格式设置、页面设置、样式的应用与修改、多级列表、目录的自动生成、页眉和页脚设置等文档的基本操作与排版。 (2) 会使用 WPS Office 办公软件制作演示文稿，包括图文格式设置、智能图形、多媒体文件的插入、动画的设置、母版与版式的设置等演示文稿的基本操作。
学习内容	(1) 文字文档处理基本介绍、常用操作、文档的排版、图文混排。 (2) 演示文稿处理基本介绍、常用操作、优化排版、制作流程。
重点与难点	重点：样式的应用与修改、多级列表、目录、页眉和页脚的设置；图文格式、动画的设置。 难点：页眉和页脚的设置；动画的设置。

二、学习任务

线上学习	中国大学 MOOC 平台"信息技术基础"（常州信息职业技术学院）。 自主观看以下内容的视频："基础篇之 WPS 文档处理"中的 1-11 页面设置、1-12 样式与模板、1-13 分栏与分节、1-22 毕业论文的编辑与排版(1)、1-23 毕业论文的编辑与排版(2)、1-25 制作目录和索引、1-26 设置页眉和页脚和"基础篇之 WPS 演示文稿"中的 3-7 更改幻灯片的版式、3-8 使用表格、3-9 使用图表、3-10 插入剪贴画和图片、3-11 插入 SmartArt 图形、3-12 插入音频和视频、3-14 使用幻灯片母版、3-15 使用主题、3-17 使用动画、3-18 设置幻灯片的切换效果、3-20 使用超链接、3-21 幻灯片的放映控制。
研讨问题	(1) 如何根据要求排版长文档？ (2) 如何制作一份贴切、优美的演示文稿？

三、学习测评

内容	习题 6（一）

大学计算机基础——基于混合式学习

学习任务单(二)

6.1　文字文档处理

文字文档处理是 WPS Office 的主要功能之一,能够帮助用户根据不同的需求建立多种类型的文字文档,实现灵活多样的图文混排。

6.1.1　基本介绍

WPS Office 提供了许多易于使用的文档创建工具,同时也提供了丰富的功能集供创建复杂的文档使用。以 WPS Office 教育考试专用版为例,其文字文档窗口如图 6.1 所示。

窗口包括标题栏、快速访问工具栏、菜单、选项卡、控制按钮、标尺、状态栏、文档编辑区。

图 6.1　WPS Office 文字文档窗口

6.1.2　文档常用操作

1. 创建、保存文档

利用"文件"选项卡中的"新建"命令,可以创建空白文档。

利用"文件"选项卡中的"另存为"命令,可以改变文件的路径和类型进行保存,例如保存为 PDF 格式,防止文件格式变化。

2. 文本编辑

对文档内容进行编辑,首先要选定相应目标。在 WPS Office 文字文档中选定目标的方法如下。

(1) 选定一个词语。双击。

(2) 选定一行文字。将鼠标移动到该行的左侧,当其变成一个指向右边的箭头,然后单击。

(3) 选定一个段落。将鼠标移动到该段落的左侧,当其变成一个指向右边的箭头,然后双击。

选定目标后,就可以对选定的内容进行操作了。若在编辑的过程中出现误操作,可以使用撤销功能取消最近对文档进行的操作。

3. 查找和替换

单击"开始"选项卡中的"替换"命令,弹出"查找和替换"对话框,在"查找内容"框内输入要搜索的文本,可以快速将要搜索的文字突出显示出来。此外,通过"替换"命令可以快速自动地将文本替换为其他内容,如图 6.2 所示。

　大学计算机基础——基于混合式学习

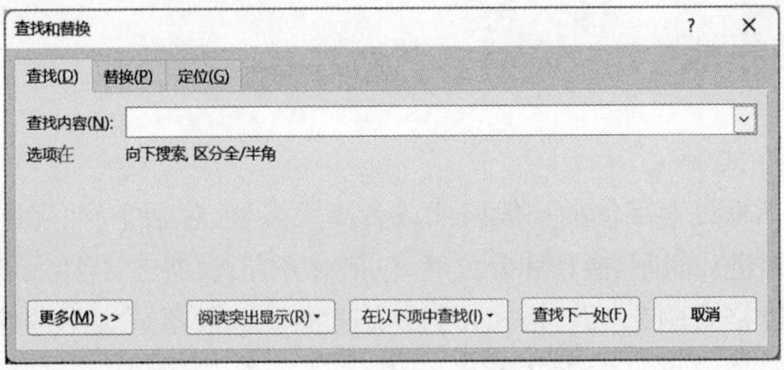

(a)

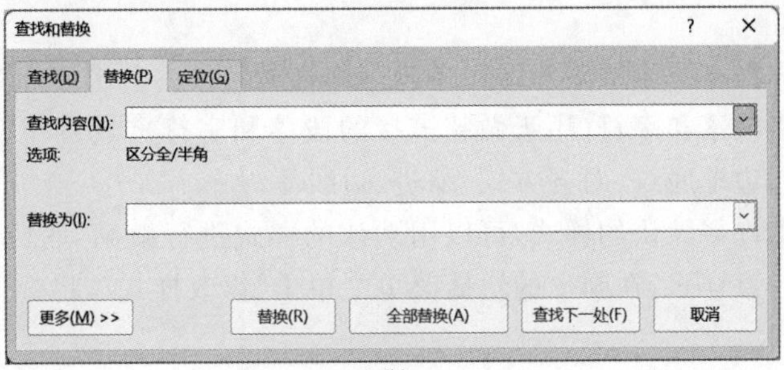

(b)

图 6.2　查找和替换

4. 视图

　　"视图"选项卡中,可选择页面的视图样式、标尺、网格线等显示内容、显示比例以及窗口查看显示效果。其中,"导航窗格"可以用来方便地展示文本中的多级标题。"并排比较"命令可以将多个文档窗口自动并排展示,方便对比查阅,如图 6.3 所示。

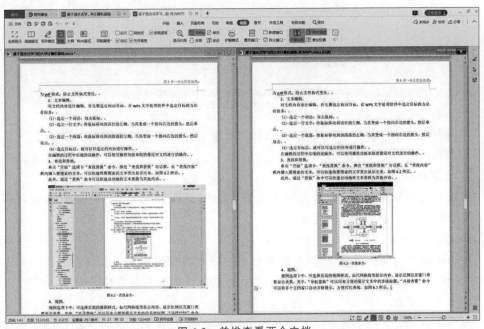

图 6.3　并排查看两个文档

6.1.3 文档的排版

1. 字体、段落格式

通过"字体"对话框设置字体的一般格式或者高级设置，包括字号、字体、颜色、下画线等。"段落"对话框设置缩进和间距、换行和分页等，包括对齐方式、缩进、行距及特殊格式等。

此外，可以通过格式刷来"刷"格式，可以快速将指定段落或文本的格式应用到其他段落或文本上，让人们免受重复设置之苦。

2. 样式

样式是用名称保存下来的对修饰对象进行修饰所使用的一组修饰参数。修饰对象包括字符、段落、链接段落和字符（用于做超链接的段落和字符）、表格和列表。而修饰参数则包含字体、字号、边框底纹、对齐方式、缩进、边线等。

样式库中提供许多默认的样式，可以用默认的样式进行微调，然后用于自己的文档。右击样式库中的任意样式，在弹出的快捷菜单中单击"修改样式"，将会弹出"修改样式"对话框，如图 6.4 所示。

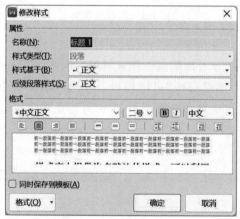

图 6.4 "修改样式"对话框

在给不同的段落设置了样式之后，在样式库中也会记录下段落匹配了该样式。

3. 页面设置

1）设置纸张

纸张的大小和方向对打印输出的结果产生影响，默认纸张大小为 A4 纸型，也可以选择不同的纸型或自定义纸张的大小。

2）设置页边距

页边距的值与文档版心位置、页面所采用的纸张类型紧密相关。页边距及纸张方向（在默认状态下，方向为纵向）的设置对整个文档的版面美观有着直接影响。

4. 页眉和页脚

页眉和页脚是文档中每个页面顶部和底部的区域，在这两个区域内添加的文本或图形等内容将显示在文档的每一个页面内，可以避免重复操作。

（1）单击"插入"选项卡中"页眉和页脚"命令。

（2）此时文档中以虚框显示页眉和页脚的编辑区，同时在功能区中显示"页眉和页脚"选项卡，可在页眉区输入文字或图形，也可单击插入页数、日期等，如图 6.5 所示。

图 6.5 "页眉和页脚"设置

（3）要创建一个页脚，可单击"页眉页脚切换"按钮，以便将插入点移到页脚区。

（4）完成页眉和页脚编辑后，可双击页眉和页脚区域外的任意位置退出页眉和页脚编辑模式，也可以通过单击"页眉和页脚"选项卡中的"关闭"按钮来完成。

（5）此外，页眉和页脚可以根据具体需要选择"首页不同""奇偶页不同"等参数选项。

（6）若要在一篇文档中，设置不同的页眉和页脚，需要在各部分文档之间添加"分节符"。

5. 目录

WPS Office 提供手动、自动插入目录功能。可以快速地利用大纲级别或者样式将标题内容和页码生成目录。首先为章节标题设置不同的大纲级别。然后利用"引用"选项卡中的"目录"自动插入多级目录，如图 6.6 所示。

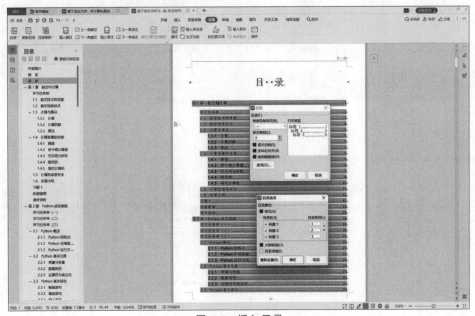

图 6.6 插入目录

若是需要对文档的目录进行更改操作，可以直接右击目录，在弹出的快捷菜单中选择"更新域"更新目录即可。

长文档排版综合案例讲解视频

6. 邮件合并

邮件合并是 WPS Office 的一种可以批量处理的功能。在 WPS Office 中,先建立两个文档:一个文字文档,即包括所有文件共有内容的主文档(如未填写的贺卡、证书、邀请函等)和一个包括变化信息的数据源表格(如包含姓名、性别、职称等信息),然后使用邮件合并功能在主文档中插入变化的信息,合成后的文件可以保存为 WPS 文字文档,批量制作成主文档相同,只有少部分内容改变的文件,如图 6.7 所示。

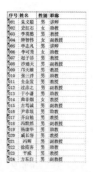

图 6.7　邮件合并功能样张

具体操作步骤为:单击"引用"选项卡中的"邮件"按钮,进入邮件合并选项,单击"打开数据源",选择准备好的表格文件,单击"打开",选择相应的工作表,单击"确定"按钮。单击"收件人",查看信息读取是否正常,如果有多余的信息,可以在左侧取消选取,单击"确定"按钮。接下来定位光标,单击"插入合并域",把对应的内容插入光标处。单击"查看合并数据"进行预览,预览无误后,单击"合并到新文档",选择"全部",单击"确定"按钮,完成邮件合并。

6.1.4 图文混排

在编辑 WPS 文字文档过程中,图文混排是常见的一类操作,具有十分重要的意义,掌握图文混排技术是文字文档操作必备技能。合理的图文混排操作能使文档表现更具特色,同时更易于阅读。

1. 插入形状、图片

各式各样的形状便于形象生动地组织信息,同时,形状中编辑文字可以使得文本框的格式位置更加灵活自由,方便编辑处理,如图 6.8 所示。

图 6.8 图文混排

插入图片后,要注意图片的位置和环绕方式的设置,应使得图文排列和谐、整齐。其中,嵌入型环绕可以理解为一个比较大的字,所以当图片不是很大时,图片的下部两边会有文字的存在,如图 6.9 所示。如果想要文档中的图片不乱跑,能够和上下文的关系保持稳定,嵌入型是最好的选择。只要在嵌入型环绕方式下,在图片前后都按 Enter 键,就可以让图片单独一行。

另外,WPS Office 提供了对图片进行效果处理的一系列操作,例如阴影、倒影、发光、三维格式等。

2. 智能图形

智能图形是信息和观点的视觉表示形式。可以通过从多种布局中进行选择来创建智能图形,从而快速、轻松、有效地传送信息。

> CPU一般由运算器、控制单元和寄存器组构成，由CPU内部总线将这些部件连接为有机整体，其内部结构如图5.3所示。运算器由算术逻辑单元（ALU）、累加器、状态寄存器、通用寄存器组等组成，其中算术逻辑单元（ALU）主要用于实现数据的加、减、乘、除等算术运算，与、或、非、异或等逻辑运算。控制单元（Control-Unit）负责指令的分析、指令及操
>
> 运算器　内部总线　寄存器组　控制单元　CPU　总线　主存
>
> 作数的传送、产生控制和协调整个CPU工作所需的时序逻辑等。寄存器组（Registers）由一组寄存器构成，分为通用寄存器组和专用寄存器组，用于临时保存数据。通用寄存器组暂存参与运算的操作数或运算的结果。专用寄存器组用于记录计算机当前的工作状态，如程序计数器用于保存下一条要执行的指令。

图 6.9　嵌入型插图

由于智能图形包括多种布局，如图 6.10 所示，所以在具体情境下需要根据传达的信息及组织的方式进行选择。当然，可以通过快速轻松地切换布局，尝试不同类型的不同布局，直至找到一个最适合的对信息进行图解的布局为止。

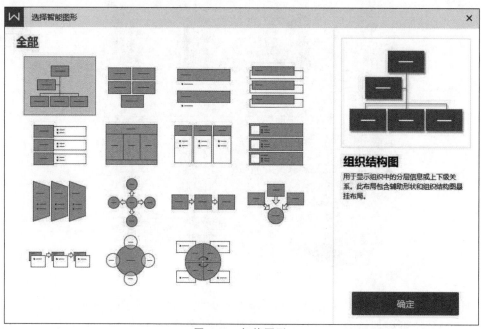

图 6.10　智能图形

6.2　演示文稿处理

6.2.1　基本介绍

WPS Office可用于制作演示文稿（俗称幻灯片）。演示文稿广泛运用于各种会议、产

品演示、学校教学等。通过使用文本、图形、照片、视频、动画及多种手段，设计具有视觉冲击力的演示文稿。

WPS Office 演示文稿的窗口如图 6.11 所示，包括标题栏、快速访问工具栏、选项卡、控制按钮、状态栏、导航栏、文档编辑区。

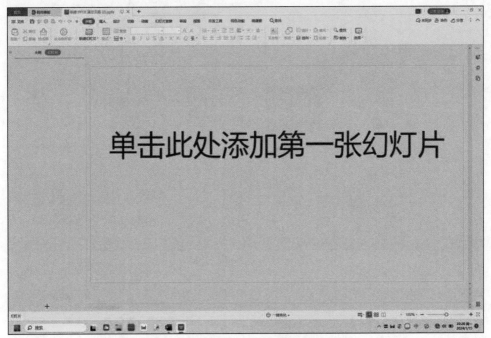

图 6.11　WPS Office 演示文稿的窗口

6.2.2　演示文稿常用操作

1. 演示文稿的简单操作

可以通过"新建"命令来创建空白或带模板的演示文稿文件，如图 6.12 所示。模板文件（.potx 文件）记录了对演示文稿母版、版式和主题组合所做的任何自定义修改。以模板为基础，可重复创建相似的演示文稿，从而将演示文稿的内容设置成一致的风格。模板文件中包括现成的样式（包括图片、动画等），直接输入内容就可以使用，大大减少了设计制作的工作量。

演示文稿中的每页幻灯片都可以利用功能区中的命令按钮进行复制、粘贴、移动及隐藏等相关操作。

2. 插入对象

演示文稿中的内容包括文本、图形、图片、音频、视频等多种元素，如图 6.13 所示。

1）文本

文本用来表达演示文稿的主题内容，可以在占位符、文本框、图形等元素中进行编辑。

2）图形、图片

想要演示文稿更具感染力，就需要根据情境插入合适的图形、图片、形状及智能图形

图 6.12　新建演示文稿

图 6.13　插入多媒体素材

等素材来表达主题,展示内容。还可以根据需要将数据以不同形式的图表形象地进行展现。

3) 音频、视频

使用音频、视频等多媒体元素可以使演示文稿的形式更加丰富多样。在 WPS 演示文稿中,还可以对多媒体素材进行简单的剪辑和效果加工。

3. 动画效果

动画的对象可以是幻灯片中的图形、图片或者文本框,各页幻灯片之间也可设置动画。

"动画"选项卡中包含各种动画的设置,例如进入、强调、退出以及动作路径的动画效果。选中动画对象,单击"动画"选项卡,在出现的工具栏中选择动画效果;或者单击"自定义动画",在右侧的窗格中单击"添加效果"下拉菜单,选择相应的动画效果。动画窗格如图 6.14 所示。

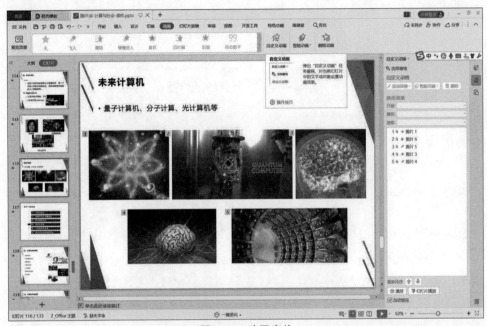

图 6.14　动画窗格

"切换"选项卡中,可选择各页幻灯片之间的切换方式并进行相关设置。其中,"平滑切换"可谓清新脱俗,可以让幻灯片无缝衔接地播放。想要实现平滑切换,就需要在两页幻灯片页面上,对同一个对象改变其参数,包括位置、大小、角度、裁剪等。

6.2.3　优化排版

1. 幻灯片主题

幻灯片主题是主题颜色、主题字体和主题效果三者的结合。WPS Office 提供了多种演示文稿设计主题,以协调使用配色方案、背景、字体样式和占位符位置。使用预设的主题,可以轻松快捷地更改演示文稿的整体外观。

要将主题应用到演示文稿,只需在"设计"选项卡中,单击要应用的主题。若要选择更多的主题,可单击"设计"选项卡的"更多设计"按钮。

2. 设置幻灯片背景

（1）使用纯色作为幻灯片背景，简单大方，如图 6.15 所示。

图 6.15　纯色背景演示文稿

（2）使用图片作为幻灯片背景，可以采用平铺或拉伸设计，若画面过于丰富，推荐使用蒙版等方式添加文字，如图 6.16 所示。

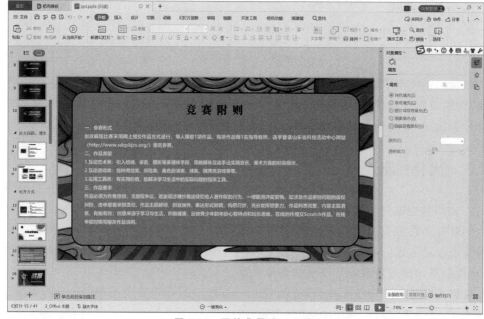

图 6.16　图片背景演示文稿

3. 幻灯片母版

幻灯片的标题和副标题文本、图片、表格、图表、自选图形和视频等元素的排列方式都来自于不同的幻灯片版式。WPS Office 演示文稿中有不同排版的各种版式,包括标题版式、标题和内容版式、节标题版式等。

一切的配色和文字方案都取决于使用什么母版。母版的特性决定了它所显示的必须是整个演示文稿中所共有的东西,诸如姓名、课题名、单位的 logo、日期、页码或是某些特殊的标记。同时,母版还决定着标题和文字的样式。

编辑美化母版包括设置母版的背景样式、设置标题和正文的字体格式、选择主题、页面设置等,这些操作可以在"视图"中的"幻灯片母版"选项卡实现,在母版幻灯片中设置的格式和样式都将被应用到演示文稿中。

切换至"视图"选项卡,单击"幻灯片母版"按钮,进入母版编辑状态,如图 6.17 所示。可以发现,幻灯片母版中包含了 Office 主题母版,设计"Office 主题母版"能影响所有"版式母版",如有统一的内容、图片、背景和格式,可直接在"Office 主题母版"中进行设置,其他"版式母版"会自动与之一致。

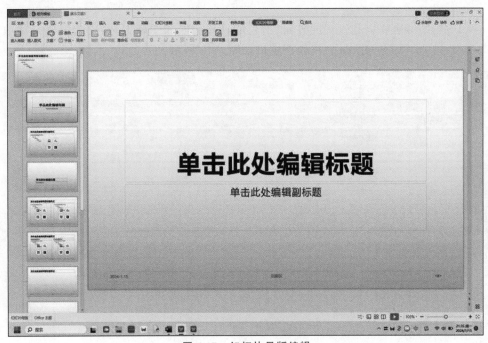

图 6.17　幻灯片母版编辑

其他版式母版包括标题幻灯片版式、标题和内容版式、节标题版式等,可单独控制配色、文字和格式。

6.2.4　演示文稿制作流程

制作一个演示文稿需要几个重要的环节。

首先要确定主题、内容结构及风格，对演示文稿做整体规划。然后根据方案准备多种形式的素材，尽可能多地准备素材，这样在制作时才可以有选择的余地。

在合适的模板上组织内容素材，尽量做到主题明确、风格统一鲜明、内容简洁流畅、形式丰富多样。内容完成后，对演示文稿进行优化和装饰处理。最后，播放预演演示文稿来查漏补缺。

PPT 制作讲解视频

6.3　电子表格处理

6.3.1　基本介绍

WPS Office 表格以其直观的界面、出色的计算功能和图表工具，成为最流行的数据处理工具之一。WPS Office 表格处理窗口如图 6.18 所示。

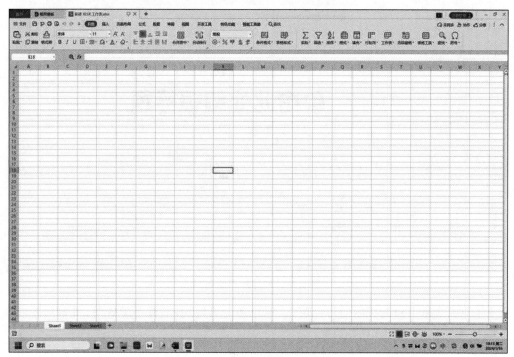

图 6.18　WPS Office 表格处理窗口

6.3.2　电子表格常用操作

1. 录入数据

WPS Office 表格中的数据可能是各种格式，例如数字、日期、文本等。在输入数据之前，可以设置相应单元格区域的数据格式，再进行数据的输入，以确保数据按照相应的格式进行显示和保存。WPS Office 表格提供了多种格式供用户选择使用，可以在"单元格格式"对话框的"数字"选项卡中进行设置。

WPS Office 表格还提供设置数据有效性的功能。设置数据的有效性可以使用户在输入数据时，根据提示进行正确的输入。当用户输入错误时，能提示或终止用户操作。以"学员单兵射击成绩"工作表为例，其中的成绩为百分制整数，小于 0 或大于 100 的数据都被视为无效数据。数据有效性设置步骤如下。

选定需要输入考核成绩的单元格，在"数据"选项卡下单击"有效性"下拉菜单，选择"有效性"命令，打开"数据有效性"对话框，如图 6.19 所示。

切换至"设置"选项卡，在"允许"下拉列表中选择"整数"，在"数据"下拉列表中选择"介于"，在"最小值"和"最大值"文本框中分别输入 0 和 100。

切换至"输入信息"选项卡，在"标题"文本框中输入提示框的标题；在"输入信息"文本框中输入提示信息，单击"确定"按钮，如图 6.20 所示。当选定设置了提示信息的单元格，就会出现提示信息，如图 6.21 所示。

图 6.19　"数据有效性"对话框　　　　　图 6.20　输入提示信息

切换至"出错警告"选项卡，在"样式"下拉列表中选择"警告"，在右侧的"标题"文本框中输入警告对话框标题，在"错误信息"文本框中输入出错原因，单击"确定"按钮，如图 6.22 所示。当输入的数据不是 0～100 的整数时，就会出现警告信息，如图 6.23 所示。

2. 设置和管理工作表

完成工作表数据内容的录入后，为了使外观更加漂亮，排列更加合理，重点更加突出，需要对工作表进行格式化。格式化包括调整单元格的行高和列宽，设置单元格格式、条件格式等，调整行高和列宽的具体步骤为：切换至"开始"选项卡，单击"行和列"，在展开的

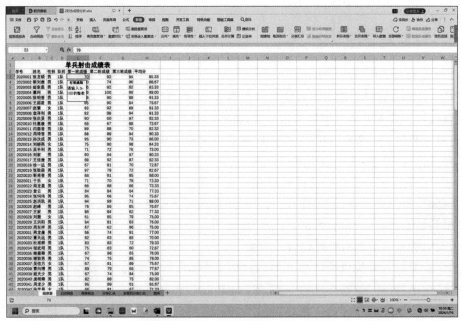

图 6.21　提示信息的应用

图 6.22　输入出错警告信息

下拉菜单,执行下列操作。

　　如果要改变行高,选择"行高"命令,出现"行高"对话框;如果要改变列宽,选择"列宽"命令,出现"列宽"对话框。

　　在"行高"或"列宽"对话框中输入相应数据,单击"确定"按钮。这样就能把单元格的高度或宽度调整到所需大小。当然,也可以利用鼠标手动调整行高或列宽。

　　设置单元格格式的具体方法为:切换至"开始"选项卡,单击"格式"按钮,在展开的下拉菜单中选择"单元格"命令,弹出"单元格格式"对话框。或选中单元格,右击,在弹出的快捷菜单中选择"设置单元格格式"命令。

　　1) 设置字体

　　字体设置主要包括字体、字形及字号,还包括下画线、颜色、上下标等。可在"字体"选项卡设置对话框的选项或选项组中进行选择。

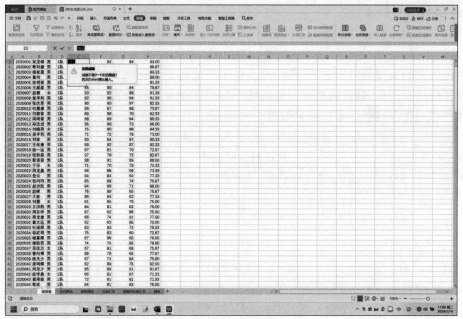

图 6.23　出错警告的应用

2）设置数字格式

利用"数字"选项卡可以对数据格式进行设置,选择"分类"中的数值,然后将"小数位数"调整为需要的位数,如 2,如图 6.24 所示,单击"确定"按钮。

3）设置对齐方式

在"对齐"选项卡中,可以通过"水平对齐""垂直对齐""方向"选项组来设置对齐,如图 6.25 所示。

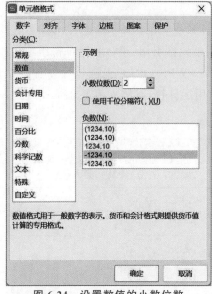

图 6.24　设置数值的小数位数

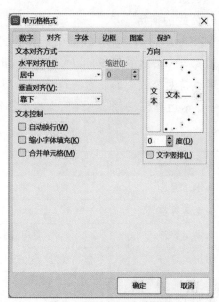

图 6.25　"对齐"方式设置

4）设置条件格式

条件格式是指在满足指定的条件时，WPS Office 会自动将条件格式应用于该单元格。具体步骤为：选定要设置格式的单元格区域，切换至“开始”选项卡，单击“条件格式”按钮，在展开的下拉菜单中选择“突出显示单元格规则”子菜单中的相应规则命令，输入规则，设置格式。例如，选定成绩单元格区域，单击“条件格式”，设置规则小于 60，格式设置为“浅红填充色深红色文本”，效果如图 6.26 所示。

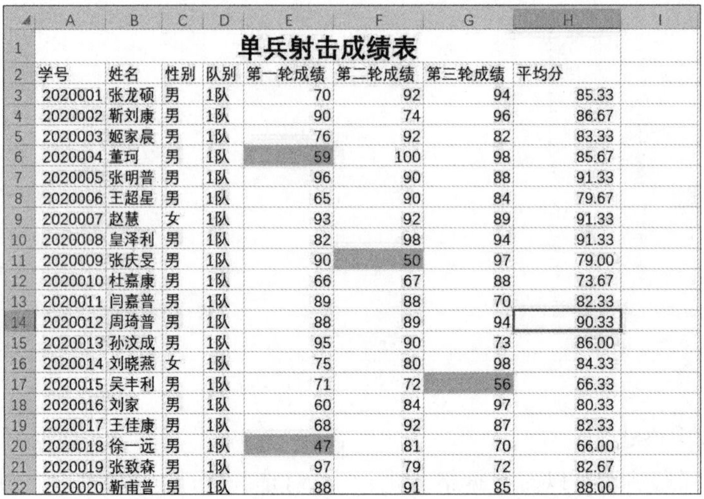

	A	B	C	D	E	F	G	H	I
1	单兵射击成绩表								
2	学号	姓名	性别	队别	第一轮成绩	第二轮成绩	第三轮成绩	平均分	
3	2020001	张龙硕	男	1队	70	92	94	85.33	
4	2020002	靳刘康	男	1队	90	74	96	86.67	
5	2020003	姬家晨	男	1队	76	92	82	83.33	
6	2020004	董珂	男	1队	59	100	98	85.67	
7	2020005	张明普	男	1队	96	90	88	91.33	
8	2020006	王超星	男	1队	65	90	84	79.67	
9	2020007	赵慧	女	1队	93	92	89	91.33	
10	2020008	皇泽利	男	1队	82	98	94	91.33	
11	2020009	张庆旻	男	1队	90	50	97	79.00	
12	2020010	杜嘉康	男	1队	66	67	88	73.67	
13	2020011	闫嘉普	男	1队	89	88	70	82.33	
14	2020012	周琦普	男	1队	88	89	94	90.33	
15	2020013	孙汶成	男	1队	95	90	73	86.00	
16	2020014	刘晓燕	女	1队	75	80	98	84.33	
17	2020015	吴丰利	男	1队	71	72	56	66.33	
18	2020016	刘家	男	1队	60	84	97	80.33	
19	2020017	王佳康	男	1队	68	92	87	82.33	
20	2020018	徐一远	男	1队	47	81	70	66.00	
21	2020019	张致森	男	1队	97	79	72	82.67	
22	2020020	靳甫普	男	1队	88	91	85	88.00	

图 6.26 设置条件格式效果

6.3.3 数据计算

1. 公式的使用

WPS Office 表格中常用数学运算公式来计算数据，此外也可以进行比较运算、文本连接运算等。公式的特征是以“＝”开头，由常量、单元格引用、函数和运算符组成。

运算符对公式中的元素进行特定类型的运算。WPS Office 表格包含 4 种类型的运算符：算术运算符、关系运算符、文本运算符和引用运算符，具体如表 6.1 所示。

表 6.1 运算符

运算符名称	表示形式
算术运算符	加(＋)、减(－)、乘(＊)、除(/)、百分号(%)、乘方(^)
关系运算符	＝、＞、＜、＞＝、＜＝、＜＞
文本运算符	&(字符串连接)
引用运算符	冒号(:)、逗号(,)

说明如下。

(1) 在公式中使用一个算术运算符，其计算结果是一个数值。

（2）在公式中使用一个关系运算符时，其计算结果为 TRUE（真）或者 FALSE（假），称为逻辑值。

（3）文本运算符只有一个，即 &，它能够连接两串文本。在公式中使用，其计算结果是一个文本。

（4）引用的作用在于标识工作表上单元格或单元格区域，指明公式中所使用的数据的位置。通过引用可以在公式中使用工作表不同部分的数据，或者在多个公式中使用同一单元格的数值。在 WPS Office 表格中，引用运算符有两个，即“：”和“，”。

冒号（：）被称为区域运算符。如 Al 表示一个单元格引用，而 Al：D4 就表示从 Al 到 D4 的单元格区域。这种区域的表示有助于调用单元格或区域中的数值，并可放入公式。

逗号（，）是一种连接运算符，用于连接两个或更多的单元格或者区域引用。例如："A1，D4"表示 Al 单元和 D4 单元，"A3：B4，C6：E9"表示区域 A3：B4 和区域 C6：E9。

2. 函数的使用

函数实际上是一种比较复杂的公式，是公式的概括，也是用来对单元格进行计算的。WPS Office 表格包含了很多函数类型，可以直接使用这些函数实现某种功能。函数的使用可以避免用户为了完成功能而花费大量的时间来编写并调试相关的公式，从而提高工作效率。使用函数时，可以手动输入函数，也可以使用"函数向导"插入函数。

1）手动输入函数

手动输入函数时，同输入公式一样，应首先在单元格中输入"="，进入公式编辑状态，然后依次输入函数名、左括号、参数和右括号，如"=MAX(A1：B5)"，输入完成后，单击"编辑栏"中的"输入"按钮或按 Enter 键，此时在输入函数的单元格中将显示函数的运算结果。

2）使用"函数向导"插入函数

如果不能确定函数的拼写或参数，可以使用"函数向导"插入函数。操作步骤如下。

（1）单击要插入函数的单元格，单击"编辑栏"左侧的"插入函数"按钮 fx，或者单击"公式"功能选项卡下的"插入函数"按钮。

（2）在弹出"插入函数"对话框的"选择函数"列表框中选择合适的函数，如图 6.27 所示。

（3）单击"确定"按钮，弹出"函数参数"对话框，如图 6.28 所示。单击 🔲 按钮，在工作表中拖动鼠标选择需要参与计算的单元格区域。选择好后，再次单击 🔲 按钮，返回"函数参数"对话框，函数参数设置完成后，单击"确定"按钮，完成公式的插入，在对应单元格中返回计算结果。

下面以单兵射击成绩表为例，如图 6.29 所示，介绍典型函数的使用方法。

3）使用 SUM 函数计算总和

选中 I3 单元格，单击"编辑栏"左侧的"插入函数"按钮 fx，打开"插入函数"对话框，在"推荐"或"全部"类别下选择 SUM 函数，然后设置其相应的参数（选择要计算总和的单元格区域 F3：H3），如图 6.30 所示，设置完成后单击"确定"按钮，拖动光标完成其余学员总分的自动填充。

4）使用 AVERAGE 函数计算平均值

选中 J3 单元格，单击"插入函数"按钮，选择 AVERAGE 函数，然后设置其相应的参

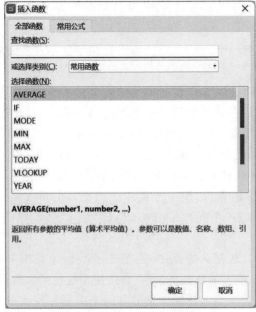

图 6.27 "插入函数"对话框

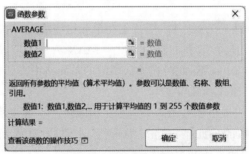

图 6.28 "函数参数"对话框

	A	B	C	D	E	F	G	H	I	J	K	L
1						单兵射击成绩表						
2	学号	身份证号	姓名	性别	队别	第一轮成绩	第二轮成绩	第三轮成绩	三轮射击总分	三轮射击平均分	等级	排名
3	2022001		安东	男		84	87	88				
4	2022002		安嘉旻	男		60	68	38				
5	2022003		安明	女		90	99	98				
6	2022004		安汶	女		73	90	100				
7	2022005		安武祥	男		99	75	77				
8	2022006		安一合	男		77	61	79				
9	2022007		曹国卿	男		67	41	66				
10	2022008		曹珂成	男		82	76	66				
11	2022009		曹琦康	男		99	87	75				
12	2022010		曹武乐	男		99	63	61				
13	2022011		曹向博	男		89	79	65				
14	2022012		曹一彪	男		79	96	96				
203					最高分							
204					最低分							
205					平均分							

图 6.29 单兵射击成绩工作表

大学计算机基础——基于混合式学习

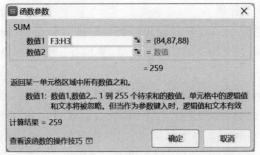

图 6.30　利用 SUM 函数计算学员成绩总分

数(选择要计算平均值的单元格区域 F3：H3)，如图 6.31 所示，设置完成后单击"确定"按钮，拖动光标完成其余学员平均分的自动填充。

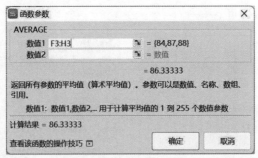

图 6.31　利用 AVERAGE 函数计算学员成绩平均分

5）使用 MAX、MIN 函数计算最大值、最小值

单击"插入函数"按钮，选择 MAX、MIN 函数，然后设置其相应的参数(选择要计算最值的单元格区域)，设置完成后单击"确定"按钮。

6）使用 RANK 函数计算排名

选中 L3 单元格，单击"插入函数"按钮，选择 RANK 函数，第一个参数"数值"为指定的数字，此例设为 J3；第二个参数"引用"为一组数的引用，此处设为"＄J＄3：＄J＄202"，注意：此单元格区域的位置引用为绝对地址引用。第三个参数"排位方式"为 0 或忽略，代表降序，否则代表升序。设置完成后单击"确定"按钮。如图 6.32 所示。然后拖动鼠标，在其他相应的单元格区域复制函数即可。

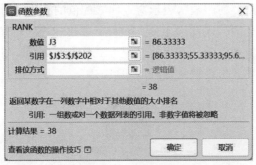

图 6.32　利用 RANK 函数计算平均分排名

7）使用 IF 函数计算等级

根据学员的平均成绩，计算学员的成绩等级。等级共分 3 个，分别是优秀（平均分＞＝80）、合格（平均分＞＝60 且平均分＜80）、不合格（平均分＜60）。WPS Office 表格提供了 IF 函数，可用于选择判断。

具体操作步骤如下：单击 K3 单元格，单击"插入函数"按钮，选择 IF 函数，第一个参数"测试条件"，为可判断为 TRUE 或 FALSE 的数值或表达式，此例可设为"J3＞＝80"；第二个参数"真值"，为当测试条件为 TRUE 时的返回值，此处为"优秀"；第三个参数"假值"，为当测试条件为 FALSE 时的返回值，此例当"J3＞＝80"为假时，应继续嵌套 IF 函数，故单击"编辑栏"最左侧的 IF，再次插入 IF 函数。此时，测试条件为基于"J3＞＝80"为假时的"J3＞＝60"，即平均分＞＝60 且平均分＜80，真值为"合格"，假值为"不合格"。如图 6.33 所示。单击"确定"按钮，完成当前单元格的等级计算。拖动鼠标，在其他相应的单元格区域复制函数即可。

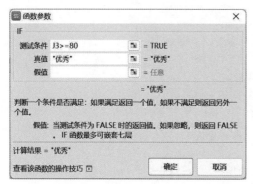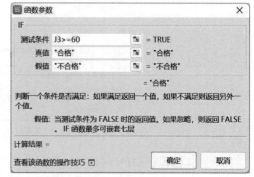

图 6.33　利用两层 IF 函数的嵌套计算等级

8）使用 VLOOKUP 函数查找队别

学员的队别信息需要根据姓名信息在另外一个表"学员队别表"（包括姓名、队别两列）中查找获得。VLOOKUP 函数是查找函数，可以按列查找，返回该列所需查询序列对应的值。具体操作步骤为：选中 E3 单元格，单击"插入函数"按钮，选择 VLOOKUP 函数，打开函数参数对话框。第一个参数"查找值"为需要查找的值，此例设为 C3。第二个参数"数据表"为要在其中查找数据的区域，且要保证第一个参数"查找值"位该区域的第 1 列。此处设为"学员队别表！＄A＄2：＄B＄201"，注意此单元格区域的位置引用为绝对地址引用。第三个参数"列序数"，表示应返回匹配值的列序号，这里要返回的队别信息是第二个参数区域的第 2 列，因此设为 2。第四个参数"匹配条件"表示大致匹配或精确匹配，这里设为 0 表示精确匹配。设置完成后单击"确定"按钮，如图 6.34 所示。然后拖动鼠标，在其他相应的单元格区域复制函数即可。

数据计算讲解视频

　大学计算机基础——基于混合式学习

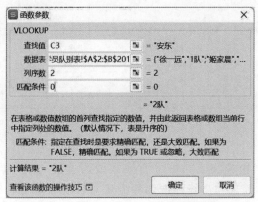

图 6.34　使用 VLOOKUP 函数查找学员队别

6.3.4　数据统计

基于 6.3.3 节计算得到的单兵射击成绩表,对数据进行统计分析,如图 6.35 所示。

	A	B	C	D	E	F	G	H
1	学号	姓名	性别	队别	第一轮成绩	第二轮成绩	第三轮成绩	平均成绩
2	2020053	安东	男	2队	84	87	88	86.33
3	2020046	安嘉旻	男	1队	60	68	88	72.00
4	2020101	安明	女	3队	90	99	98	95.67
5	2020161	安汶	女	4队	73	90	100	87.67
6	2020067	安武祥	男	2队	99	75	77	83.67
7	2020197	安一合	男	4队	77	61	79	72.33
8	2020149	曹国卿	男	3队	67	71	66	68.00
9	2020145	曹珂成	男	3队	82	76	66	74.67
10	2020068	曹琦康	男	2队	99	87	75	87.00
11	2020049	曹武乐	男	1队	99	63	61	74.33
12	2020038	曹向博	男	1队	89	79	65	77.67
13	2020057	曹一彪	男	2队	79	96	96	90.33
14	2020132	陈恩赐	男	3队	63	68	84	71.67
201	2020126	周云	女	3队	90	80	70	80.00

图 6.35　单兵射击成绩表

1. 数据排序

1)简单排序

简单排序是指对单一字段按升序或降序排列,一般直接利用"数据"选项卡中"排序"按钮旁边的"升序"或"降序"按钮来快速实现。

首先单击工作表中作为排序关键字的字段名,然后根据需要,单击工具栏中的"升序"或"降序"按钮,则整个表中的数据将按设定的关键字依次重新进行排列。

2)复杂排序

当第一排序条件情况相同时,有时需要再根据其他的条件进行二次排序,这时需要利用复杂排序的方法进行。当排序的字段值相同时,可使用最多 3 个字段进行三级复杂排序。

例如,对各队学员的平均成绩进行排序,单击"排序"按钮,在排序对话框中设置主要关键字为"队别",即第一排序依据,单击"添加条件",添加"平均成绩"为次关键字,如图 6.36所示。

图 6.36　多关键字自定义排序

2. 数据筛选

数据筛选功能可以快速将表格中的有效数据筛选出来,并以列表形式显示。WPS Office 表格提供了自动筛选和高级筛选两种方法。自动筛选是对单个字段建立筛选,多字段之间的筛选是逻辑与的关系,操作简便。高级筛选是对复杂条件建立筛选,要建立条件区域。

1）自动筛选

具体操作步骤:切换至"数据"选项卡,并将光标置于表格区域,单击"自动筛选"按钮,进入筛选状态,此时每一列的字段名旁产生一向下的筛选箭头,如图 6.37 所示。

▲	A	B	C	D	E	F	G	H
1	学号 ▼	姓名 ▼	性别 ▼	队别 ▼	第一轮成绩 ▼	第二轮成绩 ▼	第三轮成绩 ▼	平均成绩 ▼
2	2020053	安东	男	2队	84	87	88	86.33
3	2020046	安嘉旻	男	1队	60	68	88	72.00
4	2020101	安明	女	3队	90	99	98	95.67
5	2020161	安汶	女	4队	73	90	100	87.67
6	2020067	安武祥	男	2队	99	75	77	83.67

图 6.37　自动筛选

在所需筛选的字段名下拉列表框中选择所要筛选的条件。若要取消自动筛选的结果,可单击筛选字段旁边的"漏斗",在打开的对话框中单击"清空条件",数据即恢复显示,但筛选箭头并不消失。而再次单击"自动筛选"按钮,则所有列标题旁的筛选箭头消失,所有数据恢复显示。

2）高级筛选

若要挑选出"三轮射击平均分"在 90 分以上或"第二轮成绩"和"第三轮成绩"都在 95 分以上的学员数据,由于此筛选条件中包含了"或"的关系,利用简单筛选无法完成,必须借助于高级筛选。使用高级筛选,需在数据清单以外的任何位置建立条件区域。条件区域至少两行,且首行放置条件名,是与工作表相应字段精确匹配的字段;紧接着的一行放置条件,称为条件行。条件行的同一行上的条件关系为逻辑"与",不同行之间为逻辑"或"。

操作步骤如下:建立条件区域并输入条件,如图 6.38 所示。

	第二轮成绩	第三轮成绩	平均成绩	
			>=90	
	>=95	>=95		

图 6.38　高级筛选条件区域

单击数据区中的任一单元格,切换至"数据"选项卡,单击"筛选"右侧的箭头符号,弹出高级筛选对话框。在"高级筛选"对话框中,选择筛选结果放置的"方式",输入"列表区域"和"条件区域",如图6.39所示。

若"方式"框中选择了"将筛选结果复制到其他位置"单选按钮,则还要在"复制到"文本框中输入用于放置筛选结果区域的第一个单元格地址,单击"确定"按钮,筛选出结果。

3. 分类汇总

分类汇总就是对数据清单按某字段进行分类,将字段值相同的连续记录作为一类,进行求和、平均、计数等汇总运算。针对同一个分类字段,可进行多种汇总。要注意的是,在分类汇总前,必须首先对要分类的字段进行排序,否则分类无意义。

利用分类汇总功能可以对各队别射击成绩进行统计分析,在汇总各队别的平均成绩之前,需要对全部数据按照"队别"进行排序,再按照"平均成绩"的"平均值"及"最大值"进行汇总。具体步骤为:按"队别"字段进行排序,然后单击"数据"选项卡的"分类汇总"按钮。在如图6.40所示的"分类汇总"对话框中选择"分类字段"为"队别","汇总方式"为"平均值",选定汇总项为"平均成绩",得到分类汇总结果。

图6.39 "高级筛选"对话框

图6.40 "分类汇总"对话框

再次选择分类汇总,在弹出的"分类汇总"对话框内对"替换当前分类汇总"复选框取消选中,同时选定汇总项为"最大值",单击"确定"按钮。显示到第三级,结果如图6.41所示。

1 2 3 4		A	B	C	D	E	F	G	H
	1	学号	姓名	性别	队别	第一轮成绩	第二轮成绩	第三轮成绩	平均成绩
	52				1队 最大值				91.33
	53				1队 平均值				79.02
	104				2队 最大值				91.00
	105				2队 平均值				79.77
	156				3队 最大值				95.67
	157				3队 平均值				80.44
	208				4队 最大值				94.00
	209				4队 平均值				79.91
	210				总最大值				95.67
	211				总平均值				79.79

图6.41 按队别汇总平均值和最大值

若要取消分类汇总,可单击"分类汇总"按钮,在弹出的对话框中单击"全部删除"按钮。

4. 图表

WPS Office 表格能够帮助用户进行各种数据的计算和统计,但面对大量的数据和计算结果,要对数据的发展趋势和分布情况进行更直观的分析,则需要使用图表。图表有较好的视觉效果,可以通过图表中数据系列的高低或长短来查看数据的差异、预测趋势等。WPS Office 表格中图表的类型非常丰富,主要包括柱形图、折线图、饼图、条形图、面积图等十几种类型。在使用时,用户根据自己的需要进行选择即可,当图表中的数据发生变化时,图表中对应的数据也自动变化。

1) 插入图表

选中数据区域,切换至"插入"选项卡,选择适合的图表,如图 6.42 所示。注意:选择用于制成图表的数据区域(数据源)可以连续,也可以不连续。如果选定的区域不连续,则所选区域的行数或者列数应相同。

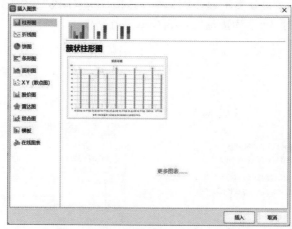

图 6.42　插入图表

数据统计分析综合案例讲解视频

2) 编辑图表

根据不同要求,可以对图表及图表中的对象,如图表标题、分类轴、图例、数据标签等进行编辑。

6.4　本章小结

本章主要介绍了 WPS Office 办公软件中的文字处理、演示文稿制作、数据表格处理的常用功能,结合典型案例对具体操作进行讲解。

习题 6

（一）

1. 将文档中的一部分文本复制到别处,首先要进行的操作是(　　)。

    A. 粘贴   B. 复制   C. 选择   D. 剪切

2. 下列软件功能描述错误的是(　　)。

    A. WPS Office 文字处理可以创建信函、通知等文档

    B. WPS Office 表格处理擅长计算数据、分析数据、创建图表

    C. WPS Office 演示文稿用来收发电子邮件

    D. WPS Office 文字处理可以对长文档进行排版

3. WPS Office 文字处理中项目编号的作用是(　　)。

    A. 为每个标题编号   B. 为每个自然段编号

    C. 为每行编号   D. 以上都正确

4. 在 WPS Office 文字文档编辑状态下,格式刷可以复制(　　)。

    A. 段落的格式和内容   B. 段落和文字的格式

    C. 文字的格式和内容   D. 段落和文字的格式及内容

5. 幻灯片母版设置可以起到的作用是(　　)。

    A. 设置幻灯片的放映方式

    B. 定义幻灯片的打印页面设置

    C. 设置幻灯片的片间切换

    D. 统一设置整套幻灯片的标志图片或多媒体元素

6. 在 WPS Office 演示文稿的“自定义动画”面板中,不属于“添加效果”下拉菜单选项的是(　　)。

    A. 进入   B. 强调   C. 运动   D. 退出

7. 在 WPS Office 演示文稿中,幻灯片(　　)是一张特殊的幻灯片,包含已设定格式的占位符,这些占位符是为标题、主要文本和所有幻灯片中出现的背景项目而设置的。

    A. 模板   B. 母版   C. 版式   D. 样式

8. 在 WPS Office 文字文档的编辑状态,打开文档 ABC,修改后另存为 ABD,则文档 ABC(　　)。

    A. 未修改被关闭   B. 被修改并关闭

    C. 被修改未关闭   D. 被文档 ABD 覆盖

9. 在 WPS Office 演示文稿中,若一个演示文稿中有 3 张幻灯片,播放时要跳过第二张放映,可以的操作是(　　)。

    A. 取消第二张幻灯片的切换效果   B. 隐藏第二张幻灯片

    C. 取消第一张幻灯片的动画效果   D. 只能删除第二张幻灯片

10. WPS Office 演示文稿中,有关幻灯片母版中的页眉和页脚,下列说法错误的是(   )。

    A. 页眉或页脚是加在演示文稿中的注释性内容

    B. 典型的页眉和页脚内容是日期、时间以及幻灯片编号

    C. 在打印演示文稿的幻灯片时,页眉和页脚的内容也可打印出来

    D. 不能设置页眉和页脚的文本格式

习题 6(一)参考答案

(二)

11. 在 WPS Office 表格中有一个数据非常多的成绩表,从第二页到最后均不能看到每页最上面的行表头,应如何解决:(   )。

    A. 设置打印区域   B. 设置打印标题行

    C. 设置打印标题列   D. 无法实现

12. 在 WPS Office 工作表的单元格中输入公式时,应先输入(   )。

    A. 单引号   B. 双引号   C. &   D. 等号

13. WPS Office 表格中取消工作表的自动筛选后(   )。

    A. 工作表的数据消失   B. 工作表恢复原样

    C. 只剩下符合筛选条件的记录   D. 不能取消自动筛选

14. WPS Office 工作表的单元格区域 A1:C3 都输入数值 10,若在 D1 单元格内输入公式"=SUM(A1,C3)",则 D1 的显示结果为(   )。

    A. 20   B. 60   C. 30   D. 90

15. 在 WPS Office 表格中,最适合反映某个数据在所有数据构成的总和中所占的比例的一种图表类型是(   )。

    A. 折线图   B. 柱形图   C. 散点图   D. 面积图

16. 下面有关 WPS Office 工作表、工作簿的说法中,正确的是(   )。

    A. 一个工作簿可包含多个工作表,默认工作表名为 sheet1/sheet2/sheet3

    B. 一个工作簿可包含多个工作表,默认工作表名为 book1/book2/book3

    C. 一个工作表可包含多个工作簿,默认工作表名为 sheet1/sheet2/sheet3

    D. 一个工作表可包含多个工作簿,默认工作表名为 book1/book2/book3

17. WPS Office 表格中分类汇总之前要进行的操作是(   )。

    A. 排序   B. 筛选   C. 求和   D. 汇总

18. 设 A1 单元格的内容为 10,B2 单元格的内容为 20,在 C2 单元格中输入"B2−A1",按 Enter 键后,C2 单元格的内容是(   )。

    A. 10   B. −10   C. B2−A1   D. ######

19. 在 WPS Office 工作表中,每个单元格都有唯一的编号叫地址,地址的使用方法是(   )。

    A. 字母+数字   B. 列标+行号   C. 数字+字母   D. 行号+列标

20. WPS Office 表格广泛应用于(　　　)。

　　A. 工业设计、机械制造、建筑工程

　　B. 美术设计、装潢、图片制作

　　C. 统计分析、财务管理分析、经济管理

　　D. 多媒体制作

习题 6(二)参考答案

拓 展 提 高

第 6 章拓展提高素材及答案

相关素材请扫上方"第 6 章拓展提高素材及答案"二维码。

1. 小王是某出版社新入职的编辑,刚受领主编提交给他关于《计算机与网络应用》教材的编排任务。请你根据要求和相关素材,帮助小王完成编排任务,具体要求如下。

(1) 设置页面的纸张大小为 A4 幅面,页边距上、下为 3 厘米,左、右为 2.5 厘米,设置每页行数为 36 行。

(2) 将封面、前言、目录、教材正文的每一章、参考文献均设置为文档中的独立一节。

(3) 格式要求:章标题(如"第 1 章计算机概述")设置为"标题 1"样式,修改样式为字体为三号、黑体、单倍行距,段前、段后间距 0.5 行;节标题(如"1.1 计算机发展史")设置为"标题 2"样式,修改样式为字体为四号、黑体、单倍行距,段前、段后间距 0.5 行;小节标题(如"1.1.2 第一台现代电子计算机的诞生")设置为"标题 3"样式,修改样式为字体为小四号、黑体、单倍行距,段前、段后间距 0.5 行。前言、目录、参考文献的标题参照章标题设置。除此之外,其他正文字体设置为宋体、五号字,段落格式为单倍行距,首行缩进 2字符。

(4) 将试题文件夹下的"第一台数字计算机.jpg"和"天河 2 号.jpg"图片文件,依据图片内容插入正文的相应位置。图片下方的说明文字设置为水平居中,小五号、黑体。

(5) 根据试题文件夹下的"教材封面样式.jpg"的示例,为教材制作一个封面,图片为试题文件夹下的 Cover.jpg,将该图片文件插入当前页面,设置该图片为"衬于文字下方",设置图片大小"21 厘米(宽) * 29.7 厘米(高)",调整大小使之正好为 A4 幅面。设置"高等职业学校通用教材"加粗,"计算机与网络应用"和"XXX 主编",二号字,加粗,水平居中显示,"高等职业学校通用教材编审委员会"方正姚体,加粗,三号字,水平居中显示。

(6) 为文档添加页码,编排要求:封面、前言无页码,目录页页码采用小写罗马数字,正文和参考文献页页码采用阿拉伯数字。第一章的第一页页码为1,之后章的页码编号续前节编号,参考文献页续正文页页码编号。页码设置在页面的页脚中间位置。

（7）在目录页的标题下方以"自动目录1"方式自动生成本教材的目录。

（8）原名保存文档,并将其以"《计算机与网络应用》正式稿.docx"为文件名,另存于文件夹下。

2. 小李今年毕业后,在一家计算机图书销售公司担任市场部助理,主要的工作职责是为部门经理提供销售信息的分析和汇总。请你根据销售数据报表,按照如下要求完成统计和分析工作。

（1）对"订单明细表"工作表进行格式调整,通过套用表格样式方法将所有的销售记录调整为"红色,表样式浅色10",并将"单价"列和"小计"列所包含的单元格调整为"会计专用"格式,保留 2 位小数,货币符号设置为"人民币符号"。

（2）根据图书编号,在"订单明细表"工作表的"图书名称"列中,使用 VLOOKUP 函数完成图书名称的自动填充。"图书名称"和"图书编号"的对应关系在"编号对照"工作表中。

（3）根据图书编号,在"订单明细表"工作表的"单价"列中,使用 VLOOKUP 函数完成图书单价的自动填充。"单价"和"图书编号"的对应关系在"编号对照"工作表中。

（4）在"订单明细表"工作表的"小计"列中,计算每笔订单的销售额。

（5）根据"订单明细表"工作表中的销售数据,统计所有订单的总销售金额,并将其填写在"统计报告"工作表的 B3 单元格中。

（6）根据"订单明细表"工作表中的销售数据,统计《MS Office 高级应用》图书在 2012 年的总销售额,并将其填写在"统计报告"工作表的 B4 单元格中。

（7）根据"订单明细表"工作表中的销售数据,统计隆华书店在 2011 年第 3 季度的总销售额,并将其填写在"统计报告"工作表的 B5 单元格中。

（8）根据"订单明细表"工作表中的销售数据,统计隆华书店在 2011 年的每月平均销售额(会计专用格式,保留 2 位小数,前加人民币符号),并将其填写在"统计报告"工作表的 B6 单元格中。

3. 打开文件夹下的素材文档 WPP.pptx(.pptx 为文件扩展名),后续操作均基于此文件。

小雷同学准备参加"WPS 发现'中纹'之美"设计大赛,帮其设计一份主题演示文稿。

（1）为使演示文稿有统一的设计风格,请按下列要求编辑幻灯片母版,在母版右上角插入文件夹下的"背景图.png ",并编辑母版标题样式使字符间距加宽 5 磅。

（2）按下列要求在幻灯片母版中编辑标题幻灯片版式。

① 背景颜色设置为向下的从"黑色,文本1"到"黑色,文本 1,浅色 15％"的线性渐变填充,并隐藏母版背景图形。

② 主标题和副标题全部应用"渐变填充 - 番茄红"预设艺术字样式,并且添加相同动画效果,要求在单击时主标题和副标题依次开始非常快展开进入,动画文本按字母 20％ 延迟发送。

（3）按下列要求在幻灯片母版中编辑节标题版式。

① 标题和文本占位符中的文字方向全部改为竖排，占位符的尺寸均设为高度 15 厘米、宽度 3 厘米，并将占位符移动至幻灯片右侧区域保证版面美观。

② 标题和文本添加相同的动画效果。在单击时标题和文本依次开始快速自顶部擦除进入。

（4）为各张幻灯片分别选择合适的版式，幻灯片 3、5、9 应用节标题版式，幻灯片 2、10、11、12、13 应用空白版式，幻灯片 4、6、7、8 应用仅标题版式。

（5）按下列要求设计交互动作方案，在幻灯片 2（目录）中设置导航动作，单击各条目录时可以导航到对应的节标题幻灯片，在节标题版式中统一设置返回动作，使鼠标单击左下角的图片时可以返回目录。

（6）在幻灯片 4 中，插入样式为梯形列表的智能图形，以美化多段文字（请保持内容间的上下级关系），智能图形采用彩色第 4 种预设颜色方案，并且整体尺寸为高度 10 厘米、宽度 30 厘米。

（7）按下列要求设计内容页动画效果方案。

① 幻灯片 6：右下角的四方连续图形，在单击时开始，非常快的、忽明忽暗强调，并且重复 3 次；衬底的边线纹路图片，与上一动画同时、并延迟 0.5 秒开始，快速渐变式缩放进入。

② 幻灯片 7：右下角的十二章纹图案从上到下共 4 个图片，在单击时同时开始，快速飞入进入，飞入方向依次为自左上部、自右上部、自左下部、自右下部，并且全部平稳开始、平稳结束。

③ 幻灯片 8：衬底的渐变色背景形状，在单击时开始，快速自右侧向左擦除进入；右下角的四合如意云龙纹图片，与上一动画同时开始，快速放大 150% 并在放大后自动还原大小（自动翻转）。

（8）按下列要求设计幻灯片切换效果方案，幻灯片 1、14 应用溶解切换，幻灯片 11、13 应用平滑切换，其余幻灯片应用向上推出切换，并且全部幻灯片都以 5 秒间隔自动换片放映。

课 外 资 料

WPS Office

WPS Office 是由北京金山办公软件股份有限公司自主研发的一款办公软件套装，1989 年由求伯君（见图 6.43）正式推出 WPS 1.0。可以实现办公软件最常用的文字、表格、演示、PDF 阅读等多种功能。具有内存占用低、运行速度快、云功能多、强大插件平台支持、免费提供在线存储空间及文档模板的优点。

WPS Office 支持阅读和输出 PDF（.pdf）文件、具有全面兼容微软 Office 97～Office 2010 格式（doc/docx/xls/xlsx/ppt/pptx 等）独特优势。覆盖 Windows、Linux、Android、iOS 等多个平台。WPS Office 支持桌面和移动办公，且 WPS 移动版通过 Google Play 平

图 6.43　求伯君

台,已覆盖超过 50 多个国家和地区。

众所周知,金山 WPS 刚推出那时,全球风靡,揽下了中国乃至全球的大部分办公市场。直至 1995 年前后,微软公司的 Office 95 和 Windows 95 进入中国市场,金山 WPS 开始败下阵来,走起了下坡路。

是求伯君与雷军,带领整个金山 WPS 研发团队力挽狂澜,才使得它在内忧外患的险境中,夹缝求生,并逐渐站稳脚跟,发展得如火如荼。时至今日,这种抗衡微软公司、不屈不挠的精神,还一直影响着新一代的国产办公软件。

WPS 软件有哪些优势呢?

(1) 兼容性好。WPS Office 支持多种文件格式,包括 Microsoft Office 的 doc、docx、xls、xlsx、ppt、pptx 等格式,以及 OpenOffice 等开源办公软件的 odt、odp、ods 等格式,基本可以在文档格式转换上解决你的问题。

(2) 界面简洁明了。WPS Office 简洁、易于使用,界面非常清晰,很容易上手,使用效率高。

(3) 功能丰富。WPS Office 的功能非常丰富,可以处理各种办公任务,包括文字编辑、表格制作、演示文稿等。而且 WPS Office 配备了一系列专业级的办公工具,如 PDF 转换器、OCR 文字识别、万能格式转换器等,可满足各种办公需求。

(4) 易于分享。WPS Office 支持云存储,并内置了分享功能,用户可以轻松地将文档分享给协作者和朋友,提高了工作效率和协作性,可促进团队协作。

(5) 价格实惠。WPS Office 是一款免费的办公软件,享受基本功能免费的同时,WPS Office 还提供了更多需要支付一定费用的高级功能,但与 Microsoft Office 相比,价格实惠很多。

大学计算机基础——基于混合式学习

第 7 章 计算机网络及应用

当今时代是以网络为核心的信息时代,网络已经成为信息社会的命脉,对人们的生活、经济发展、军事等方面产生不可估量的影响。本章首先介绍计算机网络的基本概念、拓扑结构、网络分类等基础知识,在此基础上介绍常见网络协议,以及 IP 地址、域名、MAC 地址的区别和联系,介绍 IP 地址配置的方法,最后介绍 WWW、DNS、FTP、邮件服务等常见网络应用。

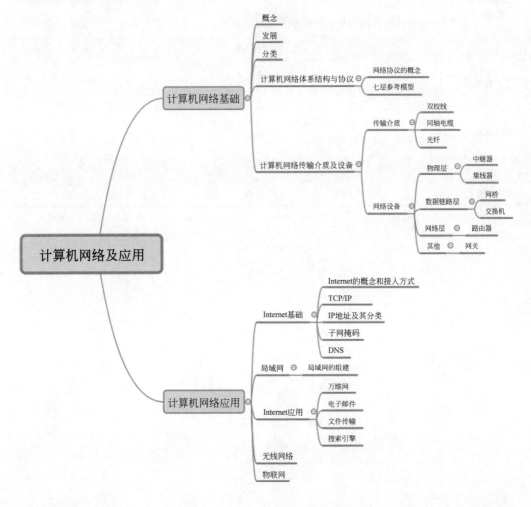

学习任务单（一）

	一、学习指南
章节名称	第 7 章 计算机网络及应用
学习目标	（1）能概括说明计算机网络的概念、组成、分类与基本功能。 （2）描述常用计算机网络拓扑结构和常见网络协议。 （3）能举例说明常用的网卡、集线器、交换机、路由器等组网设备和双绞线、同轴电缆、光纤、无线等组网介质。
学习内容	（1）计算机网络的概念、发展与分类。 （2）计算机网络体系结构与协议。 （3）计算机网络传输介质及设备。
重点与难点	重点：计算机网络的概念、组成、分类与基本功能；常用计算机网络拓扑结构和常见网络协议。 难点：常用计算机网络拓扑结构和常见网络协议。
	二、学习任务
线上自学	中国大学 MOOC 平台"大学计算机基础"。 自主观看以下内容的视频："第五单元 网络知多少（一）5.0、5.1、5.2"。
研讨问题	（1）计算机网络组成需要哪些硬件？各自的功能是什么？ （2）画出校园网网络组成架构图。
	三、学习测评
内容	习题 7（一）

学习任务单（二）

一、学习指南	
章节名称	第7章 计算机网络及应用
学习目标	（1）能阐述 Internet 和 Intranet 的基础知识与区别以及网络配置方法。 （2）能描述 IP 地址、域名、MAC 地址的作用、编址方式、分配管理方法。 （3）能阐述一个军事训练局域网的组成结构、组网与配置方法。 （4）会 Web 搜索、网络存储、邮件等典型网络应用。
学习内容	（1）Internet 基础、局域网、Internet 应用、无线网络和物联网等计算机网络应用。 （2）航空场站网络配置。
重点与难点	重点：Internet 和 Intranet 网络配置方法；IP 地址、域名、MAC 地址的区别与联系。 难点：根据主机规模和网络实际需求配置局域网。
二、学习任务	
线上自学	中国大学 MOOC 平台"大学计算机基础"。 自主观看以下内容的视频："第五单元 网络知多少（一）5.3""第五单元 网络知多少（二）5.4"。
研讨问题	（1）某 C 类 IP 地址 202.130.191.33，其子网掩码为 255.255.255.0，其网络标识是什么？主机标识是什么？ （2）举例说明 Internet 提供的网络应用和网络服务，以及这些服务的工作过程。
三、学习测评	
内容	习题 7（二）

7.1 计算机网络基础

7.1.1 计算机网络的概念、发展与分类

1. 计算机网络的概念

计算机网络是利用通信线路将具有独立功能的计算机连接起来而形成的计算机集合。计算机网络主要用于数据通信和资源共享。

2. 计算机网络的发展

计算机网络从 20 世纪 60 年代发展至今，经历了 4 代。

20 世纪 60 年代末期到 20 世纪 70 年代初期，出现了以主机为中心的终端联机系统，称为第一代。主机负责终端用户的数据处理和存储，以及主机与终端之间的通信。用户可以在终端输入数据，通过通信线路将其发往远距离的计算机，而计算机处理后的结果也可以回送给终端用户。虽然只是一种简单的信息处理设备的连接，但是开启了计算机技术与通信技术相结合的进程，这就是第一代网络，是局域网的萌芽阶段。

20 世纪 70 年代中期到 20 世纪 70 年代末期,出现多主机互连的计算机网络,称为第二代。第二代网络是在计算机网络通信网的基础上,利用计算机网络体系结构和协议形成的计算机初期网络。其中最典型的就是 Internet 的前身 ARPAnet,由资源子网和通信子网构成。这一阶段是计算机局域网的形成阶段,计算机局域网作为一种新型的计算机组织体系而得到认可和重视。

20 世纪 80 年代,形成计算机网络的标准化,称为第三代。1984 年,国际标准化组织 ISO 发布了一个标准框架——七层 OSI 模型(Open System Interconnection /Reference Model,开放系统互连参考模型),促使各厂家设备、协议达到全网互连。在这一阶段,计算机局域网开始走向产品化和标准化,形成了开放系统的互连网络。

20 世纪 90 年代后出现的计算机网络都属于第四代网络。网络技术发展更加成熟,覆盖全世界的大型互连网络 Internet 诞生,并广泛使用。计算机网络向着高速智能化发展。

3. 计算机网络的分类

计算机网络分类的方法有很多,同一种网络也可能有很多种不同的名词说法,如表 7.1 所示。

表 7.1 计算机网络的分类

分 类 标 准	网 络 名 称
传输技术	点到点式、广播式
传输速率	低速网(kb/s~Mb/s)、高速网(Mb/s~Gb/s)
传输介质	有线网络和无线网络
覆盖范围	局域网、城域网、广域网
拓扑结构	总线网络、星状网络、环状网络等
管理性质	公众网和专用网
服务模式	对等网、客户机/服务器、专用服务器

7.1.2 计算机网络体系结构与协议

1. 计算机网络协议

计算机网络协议是为进行网络数据交换而建立的规则、标准或约定,包含语法、语义和同步三要素。语法是数据与控制信息的结构或格式。语义是数据与控制信息的含义。同步规定事件实现顺序的详细说明,即确定通信状态的变化和过程。简单来说,协议的三要素中,语义定义了网络通信"做什么",语法定义了"怎么做",同步定义了"何时做"。

2. 计算机网络体系结构

为了降低网络设计的复杂性,保证彼此的兼容性和互操作性,出现了计算机网络体系结构。计算机网络体系结构指计算机网络各层次及其协议的集合。需要说明的是,计算机网络的体系结构只是精确定义了网络及其部件所应该完成的功能,而这些功能究竟由何种硬件或软件完成,则是遵守这种体系结构的实现问题。

为了解决计算机网络各种体系结构的互通互连,出现了很多标准体系结构。本书将重点介绍 ISO/OSI 体系结构。

ISO/OSI 参考模型的逻辑结构如图 7.1 所示,它由 7 个协议层组成。

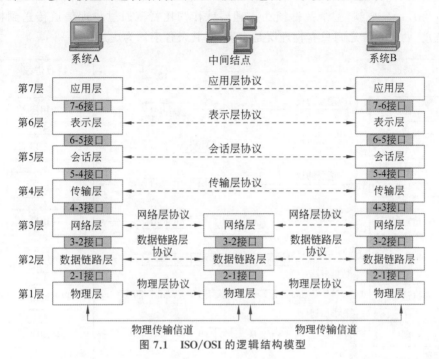

图 7.1　ISO/OSI 的逻辑结构模型

(1) 物理层。负责在相邻结点之间进行比特流的传输、故障检测和物理层管理。

(2) 数据链路层。在物理层提供的服务的基础上,为相邻结点的网络层之间提供可靠的信息传送机制。在该层上传递的信息称为数据帧,它将物理层的比特流进行了改造,以实现应答、差错控制、数据流控制和发送顺序控制,确保接收数据的顺序与原发送顺序相同。

(3) 网络层。在数据链路层提供的两个相邻结点之间的数据帧传送的基础上,通过综合考虑发送优先权、网络拥塞程度等因素,选择最佳路径,将数据从源结点经过若干个中间结点传送到目的结点。

(4) 传输层。负责确保数据可靠、顺序、无差错地从一个结点传输到另一个结点。传输层是整个协议层次结构中最重要、最关键的一层,是唯一负责总体数据传输和控制的一层。

(5) 会话层。提供两个进程之间建立、维护、同步和结束会话连接,具有将计算机名字转换成地址,以及会话流量控制和交叉会话等功能。

(6) 表示层。如同应用程序和网络之间的"翻译官",主要解决用户信息的语法表示问题。此外还提供数据表示、数据压缩和数据加密等功能。

(7) 应用层。是直接面向应用程序或用户的接口,并提供常见的网络应用服务。

在 ISO/OSI 参考模型中,假设 A 系统的用户要向 B 系统的用户传送数据,其通信过程如图 7.2 所示。A 系统用户的数据先送入应用层,该层给它附加控制信息 AH(头标)后,送入表示层。表示层对数据进行必要的变换,并加头标 PH 后送入会话层。会话层同样附加头标 SH 送入传输层。传输层将长报文分段后并加头标 TH 送至网络层。网络层将信息变成报文分组,并加组号 NH 送至数据链路层。数据链路层将信息加上头标和尾标(DH 及 DT)变成帧,整个数据帧在物理层就作为比特流通过物理信道传送到接收端(B 系统)。两个系统之间只有物理层是实通信,其余各层均为虚通信。

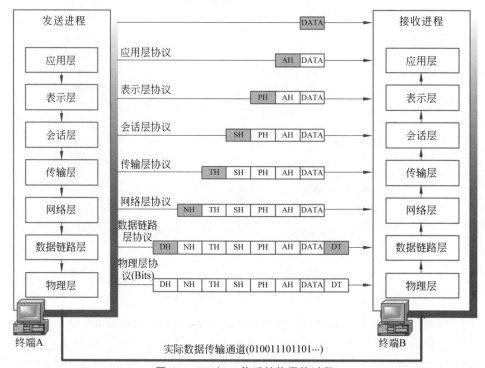

图 7.2　ISO/OSI 体系结构通信过程

ISO/OSI 参考模型是一种理想化的结构,简化网络的操作,提供设备兼容性和标准接口,促进标准化工作,结构上可以分隔。也存在结构太复杂、功能重复、效率低下等问题。

7.1.3　计算机网络传输介质及设备

1. 计算机网络传输介质

在计算机网络中,涉及传输介质的主要是物理层。传输介质分为有线和无线两种。目前常用的有线传输介质有双绞线、同轴电缆和光纤。无线传输介质有微波、红外线、激光。此处主要介绍有线传输介质。

1)双绞线

双绞线由两根具有绝缘保护的铜导线组成,把一对或多对双绞线放在一根导管中,便组成了双绞线电缆。可用于传输模拟信号和数字信号。适用于较短距离的信息传输,如普通网线。

2）同轴电缆

同轴电缆由一根空心的外圆柱导体及其所包围的单根导线组成。其频率特性比双绞线好，能进行较高速率的传输。辐射小，抗干扰能力强，常用于电视工业。

3）光纤

光纤是一种纤细、柔韧并能传输光信号的介质。

2. 计算机网络设备

在计算机网络中，除了用于传输数据的传输介质外，还需要连接传输介质与计算机系统，以及帮助信息尽可能快地到达正确目的地的网络设备。

1）物理层

物理层提供基本连接所需的器件，如线缆、连接头、插座和转换器等。物理层的网络互连设备有中继器和集线器。集线器的主要功能是对接收到的信号进行再生放大，以扩大网络的传输距离。

2）数据链路层

数据链路层的组件有网卡，又叫网络适配器。网卡是有地址的，并且全球唯一，称为MAC 地址，由 48 位二进制数组成，采用 6 个十六进制数表示。如 00:e0:4c:01:02:85。数据链路层的网络互连设备有网桥和交换机。网桥用于连接两个只有 OSI 下两层协议不同的局域网。传统交换机为高性能的多端口网桥。

3）网络层

网络层设备主要是路由器。路由器是比网桥更复杂的多端口协议转换设备，用于连接 OSI 下三层执行不同协议的网络。路由器还具有判断网络地址和选择路径的功能，主要用于广域网—广域网、局域网—广域网的连接，特别是与 Internet 的连接。

4）传输层和应用层

网关又称网间连接器、协议转换器，是一个局域网连接到互联网的"点"。网关不能完全归类为一种网络硬件，它是能连接不同网络的软/硬件的综合。它可以使用不同的格式、通信协议或结构连接两个系统。网关实际上是通过重新封装信息以使它们能被另一个系统读取。为了完成这项任务，网关必须能运行在 OSI 模型的几个层上，具备与应用通信、建立和管理会话、传输已经编码的数据、解析逻辑地址和物理地址数据等功能。网关可以设在服务器、微机或大型机上。常见的网关有电子邮件网关、因特网网关、局域网网关等。

7.2　计算机网络应用

7.2.1　Internet 基础

1. Internet

Internet 又称因特网、国际互联网络，是由成千上万的不同类型、不同规模的计算机网络和计算机主机组成的全球性巨型网络。

1969 年,Internet 起源于美国的 ARPAnet(阿帕网),首批联网的计算机主机只有 4 台。

1982 年,TCP/IP 形成。

1991 年,美国企业组成"商用 Internet 协会"。

1994 年,中国接入 Internet。

2010 年,我国用户达到了 4.2 亿。

2018 年,我国用户达到了 8 亿。

2020 年,我国用户达到了 9.89 亿。

2024 年,我国用户达 10.92 亿。

Internet 的出现给人们的日常生活、工作、学习带来很大改变,人们已经越来越离不开 Internet。Internet 在带来海量的信息资源、丰富的服务、方便的交流手段等巨大便利的同时,也带来很多问题,其中最主要的是信息网络的安全问题,这不仅是一个技术问题,也是一个社会和法律问题。人们要认识到现代化科技具有两面性,要辩证地看待 Internet 的作用。

一般情况下,用户可以通过以下几种方法接入互联网。

(1) 通过公共交换电话网接入互联网。

(2) 通过综合业务数字网接入互联网。

(3) 通过非对称数字用户线接入互联网。

(4) 通过线缆调制解调器接入互联网。

(5) 通过局域网接入互联网。

(6) 无线接入。

2. TCP/IP

传输控制协议/网际协议(Transmission Control Protocol/Internet Protocol,TCP/IP)是目前最常用的一种通信协议,也是因特网的基础协议。TCP/IP 是一个协议簇,是一组通信协议的代名词。TCP/IP 协议体系和 OSI 参考模型一样,也是一种分层结构,它由基于硬件层次上的 4 个层次构成,即网络接口层、网络层、传输层和应用层。

3. IP 地址及其分类

每台连接到互联网的终端都有一个独有的标识码,即唯一的 Internet 地址,这个地址就是 IP 地址。IP 地址由 32 位二进制数构成,将其划分为 4 字节,每字节包含 8 位二进制数。为便于记忆,采用"点分十进制表示法"。

IP 地址二进制表示:11000000　10101000　00000000　00000001。

IP 地址点分十进制表示:192.168.0.1。

IP 地址采用分层结构,分为两层,由网络号和主机号组成,网络号标识主机是否在同一个网段,主机号标识同一网络内的不同计算机。

IPv4 根据网络号和主机号的位数的不同,分为 A、B、C、D、E 5 类,其中在互联网中最常用的是 A、B、C 3 大类,而 D 类在广域网中较常见,用于广播,E 类地址是保留地址,主要用于研究的目的,如图 7.3 所示。

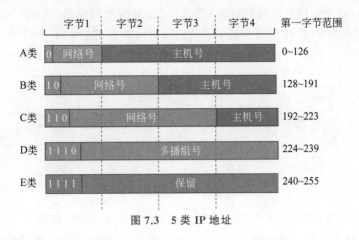

图 7.3　5 类 IP 地址

1）A 类地址

A 类地址将 IP 地址的前 1 字节作为网络号，并且前 1 位必须是 0，将后 3 字节作为主机号。网络号的范围为 1～126（127 属于保留地址），主机标识的范围为 0.0.1～255.255.254。A 类地址每个网段的主机标识的数目为 $2^{24}-2=16777214$。为什么减 2？IP 规定主机号不能全为 0 也不能全为 1。主机号全为 0 代表本网段的网络地址号，全为 1 代表本网段的广播地址。由于容纳的主机数量比较多，适合比较大的网络，如一个国家和地区的网络。

2）B 类地址

B 类地址将 IP 地址的前 2 字节作为网络号，并且前 2 位必须是 10，将后 2 字节作为主机号。网络号的范围为 128.0～191.255，主机标识的范围为 0.1～255.254。B 类地址每个网段的主机标识的数目为 $2^{15}-2=65534$。

3）C 类地址

C 类地址将 IP 地址的前 3 字节作为网络号，并且前 3 位必须是 110，将后 1 字节作为主机号。网络号的范围为 192.0.0～223.255.255，主机标识的范围为 1～254。B 类地址每个网段的主机标识的数目为 $2^{8}-2=254$。

4）D 类地址

TCP/IP 协议规定，凡 IP 地址中的第 1 字节以 1110 开始的地址都称为多点广播地址，即 D 类地址。D 类地址的范围在 224.0.0.0～239.255.255.255。

5）E 类地址

E 类地址保留作为研究之用，因此 Internet 上没有可用的 E 类地址。E 类地址的第 1 字节以 11110 开始，有效范围为 240.0.0.0～255.255.255.255。

4. 子网掩码

在一个大型网络环境中，如果使用 A 类地址作为主机地址标识，那么一个大型网络内的所有主机都将在一个广播域内，这样会由于广播而带来一些不必要的带宽浪费，还容易引发安全问题。事实上，人们在一个网络中并不会安排这么多的主机。通常的做法是由管理员进行子网划分。这样原来由网络号和主机号组成的二层 IP 地址满足不了需求了，需要在两层 IP 地址中增加一个"子网号"字段，变成三层结构。这样带来的好处是能充分利用地址,划分管理责任,简化网络管理任务,提高网络性能。但 IP 地址 32 位已经固定,只能从主机号的最高位借位变成新的子网号,剩余部分仍为主机号。划分子网的 IP 地址就由网络号、子网号、主机号三部分组成。两层 IP 与三层 IP 对应关系如图 7.4 所示。

图 7.4 两层 IP 与三层 IP 对应关系

那么,如何知道 IP 地址中有多少位用于子网标识,以及多少位用于主机标识呢?这是通过子网掩码确定的。子网掩码是一个 32 位的二进制串,其中网络号和子网号字段全部用 1 表示,主机号字段全部用 0 表示。完成识别 IP 地址的网络标识和主机标识的过程称为按位与,即将 IP 地址和子网掩码的 32 位二进制数从最高位到最低位依次对齐,然后每位分别进行逻辑与运算,得到网络标识。将子网掩码取反再与 IP 地址按位与后得到的结果即为主机标识。

在未划分子网的情况下也有子网掩码,叫作默认子网掩码。A 类 IP 地址网络号占 1 字节,第 1 字节的位数全部设为 1,即 255,主机号占 3 字节,全部设为 0,因此 A 类 IP 地址的默认子网掩码就是 255.0.0.0。同理,B 类、C 类默认子网掩码分别为 255.255.0.0、255.255.255.0。

例 7-1 某 C 类地址 192.9.200.13,其子网掩码为 255.255.255.0,其网络标识是多少?主机标识是多少?

获取网络标识和主机标识的主要步骤如下。

(1) 将 IP 地址转换为二进制。

(2) 将子网掩码转换为二进制。

(3) 将两个二进制数按位与运算得到网络标识。

(4) 将子网掩码取反再与 IP 地址按位与后得到主机标识。

C 类地址为 192.9.200.13,其子网掩码为 255.255.255.0,则将 IP 地址转换为二进制为 11000000　00001001　11001000　00001101,将子网掩码转换为二进制得到 11111111　11111111　11111111　00000000。将两个二进制数按位与运算后得出结果为 11000000　00001001　11001000　00000000,即网络标识为 192.9.200.0。将子网掩码取反再与 IP 地址按位与后得到的结果为 00000000　00000000　00000000　00001101,即主机标识为 13。

5. 域名及域名服务器

网络中 IP 地址能够唯一标识一台主机,但 IP 地址难于记忆。因此,通常会为网络中的主机取一个有意义且容易记的名字,人们在访问主机资源时,就可以直接用分配给主机的名字,这个名字就是域名。由于在 Internet 上能真实辨识主机的还是 IP 地址,所以当用户输入域名后,客户端程序必须要先在一台存有域名和 IP 地址对应资料的主机中查询域名所对应主机的 IP 地址,这台主机就是域名服务器(Domain Name Server,DNS),域名与 IP 地址的转换过程称为域名解析。DNS 中保存了一张域名和与之相对应的 IP 地址的表,以解析消息的域名。

域名是一串用点分隔的名字,用于在数据传输时定位主机。域名中的名字都由英文字母和数字组成,每个标号都不超过 63 个字符,不区分大小写字母。标号中除了连接符(-)外,不允许使用其他标点符号。级别最低的域名写在最左边,级别最高的域名写在最右边。由多个标号组成的完整域名不能超过 255 个字符。

域名采用层次结构,每一层构成一个子域名,子域名之间用“.”隔开,自上而下分别为根域、顶级域、二级域、子域及最后一级主机名。顶级域名分为国家顶级域名和国际顶级域名。国家顶级域名按国家和地区分配,如中国是 cn,美国是 us 等。国际顶级域名按机构类型分配,如表示非营利组织的 org 等。二级域名是指顶级域名之下的域名,在国家顶级域名下,它是表示注册企业类别的符号,例如 com、edu、gov、net 等;在国际顶级域名之下,它指域名注册人的网上名称,例如 ibm、google、intel 等。三级以下的域名可根据需要和实际意义,按照命名规则命名,例如域名 www.nudt.edu.cn,顶级域名为 cn,表示中国,二级域名为 edu,表示教育机构,nudt 表示学校名,是自行命名的,而 www 表明此域名对应万维网服务。域名代表机构类型或国家地区示例如表 7.2 所示。

表 7.2　域名示例

国际顶级域名	机 构 类 型	国家顶级域名	国家或地区
com	商业系统	cn	中国
edu	教育系统	us	美国
org	非营利组织	uk	英国
gov	政府机关	jp	日本
jw	军网	fr	法国
net	网络管理部门	au	澳大利亚

7.2.2　局域网

局域网是在一个局部的地理范围内(如一个学校、工厂和机关内),将各种计算机、外部设备等互相连接起来组成的计算机网络,简称 LAN。常见的局域网拓扑结构有星状结构、树状结构、总线结构、环状结构等。

局域网组建步骤如下。

1. 整体规划

根据应用需求对局域网进行整体设计和规划,根据主机数和子网数进行 IP 地址分配、子网划分等。

2. 硬件连接

准备硬件设备,如网线、交换机。搭建网络拓扑结构,用网线将主机、交换机等终端连接起来。用 ping 127.0.0.1 测试网卡,确保主机网卡工作正常。

3. 网络配置

在每台计算机的操作系统中,对网络进行配置,包括 IP 地址和子网掩码等。通过子网掩码划分同一网段内的主机。

4. 连接测试

使用"ping IP 地址"命令,测试同一网段内的主机是否能够通信,当发送的数据全部被接收,无丢失数据时,表明网络中这两台主机是连通的。用同样的方法,测试其他主机之间的连通情况。

7.2.3 Internet 应用

1. 万维网

WWW 是 World Wide Web 的英文缩写,译为"万维网"或"全球信息网"。万维网是 20 世纪 90 年代 Internet、超文本和多媒体这 3 个领先技术互相结合的产物。万维网使人们获取信息的手段有了本质的改变,使因特网更加平易近人。

万维网的服务基础是 Web 页面,每个服务站点都包括一个主页和若干个相互关联的页面,用于展示文本、图形图像和声音等多媒体信息。Web 页面提供一种特殊的链接点,指向一种资源(另一个 Web 页面、另一个文件、另一个 Web 站点等),从而使全球范围的 WWW 服务连成一体,这种链接称为超链接。用超链接的方法,将各种不同空间的文字信息组织在一起的网状文本,称为超文本(Hypertext)。网页上的超文本用超文本标记语言(Hypertext Markup Language,HTML)写成,不仅含有文本,还有图像和超链接,甚至可以集成声音和视频。文本与图像、声音和视频等多媒体一起形成超媒体。

Web 服务器安装有专门的 Web 服务软件,如 Apache 或 Internet Information Server (IIS)等,接收来自浏览器的请求,把请求索要的资源(如网页、歌曲或软件等)返回给浏览器。规定浏览器如何向 Web 服务器发送请求,以及 Web 服务器如何将网页(或其他资源)返回给浏览器的协议叫超文本传输协议(HyperText Transmit Protocol,HTTP)。HTTP 是基于 TCP/IP 的一个应用层的协议。

如何表示信息在网络的哪台机器上,在机器的哪个文件中? 统一资源定位符 (Uniform/Universal Resource Locator,URL)描述了如何访问资源、资源在哪里以及资源名称。URL 是对能从 Internet 上得到的资源的位置和访问方法的一种简介表示。在 Internet 上所有的资源都有一个独一无二的 URL 地址,并且无论是何种资源,都采用相同的基本语法。一般形式为"<协议>://<主机名>:<端口号>/<路径>"。其中,协议指定使用的传输协议,如 HTTP、FTP 等;主机名指存放资源的服务器的域名或 IP 地址;各种传输协议都有默认的端口,如果输入时省略,则使用默认端口号;路径是由零或多个"/"分隔的用来表示主机上的一个目录或文件地址。

WWW 采用客户机/服务器模式,要访问的网页存放在 Web 服务器上,客户端使用浏览器输入要访问网页的 URL。此时,Web 浏览器根据 URL 定位网页所在的服务器,并向服务器发送访问请求,服务器接收到访问请求后,将在客户端和服务器端建立一个连接,并利用该连接向客户端浏览器发送被访问网页数据。客户端接收到数据后,对数据进行解释,并按要求显示网页。传输结束后,连接被关闭,如图7.5所示。

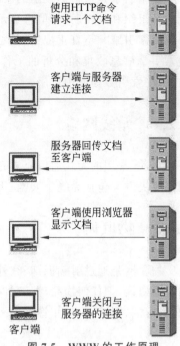

2. 电子邮件

电子邮件是 Internet 的一个基本服务。通过电子邮件,用户可以方便快速地交换信息、获取信息。电子邮件系统具有以下几种功能。

(1) 邮件制作与编辑。

(2) 信件发送(可发送给一个用户或同时发送给多个用户)。

(3) 收信通知(随时提示用户有信件)。

(4) 信件阅读与检索(可按发信人、收信时间或信件标题检索已收到的信件,并可反复阅读来信)。

(5) 信件回复与转发。

(6) 信件管理(对收到的信件可以转存、分类归档或删除)。

Internet 中所有邮箱地址均具有相同的格式,即"用户信箱名称@主机名称",如 david@163.com。电子邮件系统的组成与工作过程如图7.6所示。

图 7.5 WWW 的工作原理

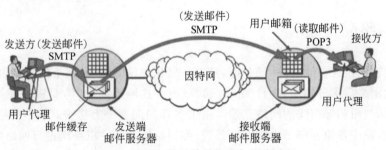

图 7.6 电子邮件系统的组成与工作过程

电子邮件系统遵循简单邮件传送协议(Simple Mail Transfer Protocol,SMTP)标准,用于把电子邮件从客户机传输到服务器。客户机通过邮局协议(Post Office Protocol Version 3,POP3)从邮件服务器上取信至本机处理。

3. 文件传输

文件传输是 Internet 中最早提供的服务功能之一,用来在计算机之间传输文件数据,目前仍被广泛使用。

文件传输流程并不复杂。FTP 客户端使用 FTP 服务器的域名或 IP 地址,附上账号和口令,连接 FTP 服务器。连接成功后,FTP 客户端可以上传或下载文件。使用结束,FTP 客户端关闭连接并通知 FTP 服务器。

4. 搜索引擎

搜索引擎是指根据一定的策略,运用特定的计算机程序搜集互联网上的信息,在对信息进行组织和处理后,将信息显示给用户,为用户提供检索服务的系统。

搜索引擎并不真正搜索互联网,它搜索的实际上是预先整理好的网页索引数据库。搜索引擎信息收集和分析的工作过程可以分为 3 步:从互联网上抓取网页,建立索引数据库,在索引数据库中排序。

7.2.4 无线网络

目前,常用的无线通信介质有微波通信、卫星通信、红外通信和激光通信。无线数据网络解决方案包括无线个人网、无线局域网、无线城域网和无线广域网。

7.2.5 物联网

物联网是通过射频识别、红外感应器、全球定位系统、激光扫描器等信息传感设备,按约定的协议,把任何物品与互联网相连接,进行信息交换和通信,以实现对物品的智能化识别、定位、跟踪、监控和管理的一种网络。物联网的核心和基础仍然是互联网。

7.3 航空场站网络配置

7.3.1 网络配置需求

某场站有通信连、导航连和场务连,随着信息化建设的发展,网络规模需求越来越大,每个连最大网络需求分别是 60 台、50 台和 50 台。在网络建设时,要将各终端连接到专用网,实现部门内和部门间的网络互连。由于各部门间业务有区分,为减少网络流量,提高网络性能,便于各业务部门内部网络管理,如何给场站各主机终端进行网络配置才能达到上述目的? 假设为场站终端分配 C 类地址,网络号为 200.10.10.0,请根据上述需求,给出网络配置方案。如果通信连的主机数量变为 70,请给出网络配置方案。

7.3.2 网络配置方案

每个 C 类地址可容纳的主机数为 254,按照每个连的网络终端数量可知 C 类地址可以满足 3 个连的终端接入需求,B 类地址会造成 IP 浪费,故采用 C 类地址。

根据航空场站网络配置需求,要实现各连业务独立,就需要划分 3 个网段。若为每个连分配一个 C 类地址会造成 IP 地址的浪费,可为 3 个连分配 1 个 C 类 IP 地址,借助主机号的位数来划分子网,即在主机号中,将高几位作为子网号,则子网划分 IP 地址为三层IP:网络号＋子网号＋主机号。若要划分 3 个子网,则需要用 2 位主机号来扩展网络号位数,即 IP 地址中主机号的高 2 位为子网号。

若分配网络号为 200.10.10.0,将主机号高 2 位作为子网号,3 个子网的网络号可采用 200.10.10.00000000、200.10.10.10000000、200.10.10.11000000、200.10.10.01000000 中的 3 个即可,网络号最后一字节低 6 位表示主机号,去除全 0 的网络位和全 1 的广播位,每个子网最多能容纳的主机数为 62,主机号范围为 000001~111110,满足每个连最大 60 台的网络需求。

若主机数变为 70,则需 7 位主机号才能满足网络规模需求,但子网号只有 1 位,可以取值 0 和 1,只能划分为 2 个子网,不满足 3 个子网的需求。由于其他两个连的网络规模只需要 6 位主机号,故可以将第二位主机号作为子网位进行划分,分别取值 0 和 1,满足主机号为 60 和 50 的两个连的需求,便可划分为 3 个子网。3 个子网的 IP 地址分别为 200.10.10.1*******,200.10.10.01******,200.10.10.00******。

7.4 本章小结

本章介绍了计算机网络的相关概念、拓扑结构、常见网络协议,以及常用的网络设备及传输介质,阐述了网络配置方法和组建局域网的过程,介绍了万维网、电子邮件、FTP 等典型网络应用,无线网络和物联网技术进行了简述。

习 题 7

(一)

1. 下列有关计算机网络叙述错误的是(　　)。
   A. 利用 Internet 可以使用远程的超级计算中心的计算机资源
   B. 计算机网络是在网络协议控制下实现的计算机互连
   C. 建立计算机网络的主要目的是实现资源共享
   D. 以接入的计算机多少可以将网络划分为广域网、城域网和局域网

2. 按照地理范围大小递增的顺序,给计算机网络排名为(　　)。
   A. LAN,MAN,WAN　　　　　　　　B. LAN,WAN,MAN
   C. MAN,WAN,LAN　　　　　　　　D. MAN,LAN,WAN

3. 按网络划分的区域而言,学校的计算机机房网络属于(　　)。
   A. 局域网　　　　B. 城域网　　　　C. 广域网　　　　D. 星际互联网

4. 在传输介质中,带宽最宽、信号传输衰减最小、抗干扰能力最强的一类传输介质是(　　)。
   A. 光纤　　　　B. 同轴电缆　　　　C. 无线信道　　　　D. 双绞线

5. 要把学校里行政楼和实验楼的局域网互连,可以通过(　　)实现。
   A. 网卡　　　　B. 调制解调器　　　　C. 交换机　　　　D. 中继器

6. 局域网内的主机进行通信时必须具备的设备是(　　)。
   A. 显卡　　　　　　B. 声卡　　　　　　C. 网卡　　　　　　D. 电视卡

7. 不属于网络特有的设备是(　　)。
   A. 声卡　　　　　　B. 网卡　　　　　　C. 路由器　　　　　D. 交换机

8. 约定计算机网络通信实体间如何通信的是(　　)。
   A. 网络拓扑结构　　B. 网络类型　　　　C. 网络协议　　　　D. 网络设备

9. 网络协议三要素中语法规定了(　　)。
   A. 通信双方在通信时"怎么讲"
   B. 通信事件的执行顺序
   C. 通信双方在通信时"讲什么"
   D. 通信双方在通信时所要表达内容的解释

10. 开放互连模型描述(　　)层协议网络体系结构。
    A. 5　　　　　　　　B. 7　　　　　　　　C. 6　　　　　　　　D. 9

习题 7 参考答案(一)

(二)

11. 互联网中计算机 A 如何才能准确地找到计算机 B 并进行通信？(　　)
    A. 通过端口号　　　B. 通过子网掩码　　C. 通过 IP 地址　　D. 通过主页

12. Internet 的核心协议是什么？(　　)
    A. 7 层参考模型　　B. 互联网协议　　　C. TCP/IP　　　　　D. 不需要协议

13. Internet 被称为(　　)。
    A. 国际互联网　　　B. 广域网　　　　　C. 局域网　　　　　D. 世界信息网

14. TCP/IP(IPv4)下,每一台主机设定一个唯一的(　　)位二进制的 IP 地址。
    A. 16　　　　　　　B. 8　　　　　　　　C. 32　　　　　　　D. 4

15. 用户通过(　　)访问 WWW。
    A. 操作系统　　　　B. 翻译器　　　　　C. 浏览器　　　　　D. 管理软件

16. DNS 的中文含义是(　　)。
    A. 域名服务系统　　B. 邮件系统　　　　C. 地名系统　　　　D. 服务器系统

17. Web 上每一个页都有一个独立的地址,这些地址称作统一资源定位器,即(　　)。
    A. WWW　　　　　　B. HTTP　　　　　　C. URL　　　　　　　D. TCP

18. 收 E-mail 所用的网络协议是(　　)。
    A. SMTP　　　　　　B. POP3　　　　　　C. TTP　　　　　　　D. FTP

19. Internet 网站域名地址中的 gov 表示(　　)。
    A. 政府部门　　　　B. 商业部门　　　　C. 学校　　　　　　D. 非营利组织

20. E-mail 地址的格式为(　　)。
    A. 用户名@邮件主机域名　　　　　　　　B. @用户名邮件主机域名

C. 用户名邮件主机域名@　　　　　　　D. 用户名@域名邮件主机

21. 如果 IP 地址为 202.130.191.33,子网掩码为 255.255.255.0,那么网络地址是(　　)。

    A. 202.130.0.0　　　　　　　　　　　B. 202.0.0.0

    C. 202.130.191.33　　　　　　　　　D. 202.130.191.0

22. 如果 IP 地址为 202.130.191.33,子网掩码为 255.255.255.0,主机标识是(　　)。

    A. 33　　　　　　B. 202　　　　　　C. 191　　　　　　D. 130

23. 如果 IP 地址为 202.130.191.33,子网掩码为 255.255.255.0,子网内可用主机数目是(　　)。

    A. 256　　　　　　B. 255　　　　　　C. 254　　　　　　D. 250

24. 如果 C 类子网的子网掩码为 255.255.255.224,则包含的子网位数、子网数目、每个子网中主机数目正确的是(　　)。

    A. 2、2、62　　　　B. 3、8、30　　　　C. 3、8、32　　　　D. 5、8、6

25. 以下(　　)可能是网络地址 191.22.168.0 的子网掩码。

    A. 255.255.192.0　　　　　　　　　B. 255.255.224.0

    C. 255.255.240.0　　　　　　　　　D. 255.255.248.0

习题 7 参考答案(二)

拓 展 提 高

1. 两台主机怎么连成局域网?
2. 无法登录校园网主页的解决方法。

第 7 章拓展提高参考答案

课 外 资 料

战场上的数据链

    一支军队能否制胜战场,影响因素有很多,高效的信息采集、传送、交换就是其中之一。从冷兵器时代的流星探马、八百里加急,到绵延千里的烽火狼烟;从近现代战场上"滴滴、滴滴滴"声不断的电报,到作战官兵手中的电话、步话机,都是为了实现信息的快速传递。从本质上讲，数据链是一种旨在实现信息数据高效、安全传输的系统与手段。

以前那些战场上常见的通信手段，都无法称作现代意义上的"数据链"。数据链的问世，通常被认为有一个前提，那就是计算机与网络技术的发展。军用数据链的构成要复杂得多，从硬件上讲，既包括与互联网类似的互联互通设备，也包括提供各类信道的通信设施与中继手段，既包括各作战平台上用来采集、上传战场信息的感知设备，还包括用来接受网上所分享实时信息的各类终端。从软件上讲，除约定的通信协议外，数据链还要求有更先进的加密技术和抗干扰技术，以及不断优化的算法来加持。

数据链用于作战，它带来的最大变化就是集体感知、共享数据的实时化。简单来说，它是连接指挥中心、作战部队、武器平台的一种信息处理、交换和分发系统，能以统一的格式标准和约定，实时、自动、保密地传输各种战术数据，形成实时、准确、完整的作战态势图，使指挥员无论处于哪个指挥位置，都能知己知彼、依令而行，达成作战行动的高度同步。

军用数据链通过有线和无线信道对战术信息进行传输。有线信道比如光纤、电缆，其传输可靠性、有效性高，但是建立通信所需时间较长，需要架设线路，机动性和抗摧毁性不如无线信道。无线信道就是常说的频段，目前军事数据链的工作频段已经覆盖短波、超短波、LX 频段和卫星通信频段、量子波段。

出于作战需求，军用数据链对数据传输的容量和实时性有很高要求，要能在短时间内传递作战所需的大量战术信息。这一要求的必要性可从最早的数据链效用上管窥一斑。最早的数据链应用在防空系统上，部分雷达站、防空导弹发射阵地和防空指挥中心被串在一起后，防空指挥系统的反应时间从过去的数分钟提高到只需数秒。这一巨变的基础就是数据能够高速传输。当今的数据链已经开始通过天基卫星系统和高速光缆传递，这意味着信息数据传输速率还会继续提升。

军用数据链在可靠程度上要求同样很高。结点两两相连的基本架构，加上组网后的复杂结构，去中心化面对面数据交换的设计，使它成为一种非常难以摧毁的复杂网络体系。单纯阻断任何具体链条，不会影响整个数据链继续发挥作用。它的可靠性还体现在抗干扰能力上。

军用数据链的保密要求也很高。各大国的军用数据链都是核心保密内容之一，会定期更换算法和密钥。一旦出现本方战机和舰艇叛逃或者被对方俘获，数据链和敌我识别系统会立即全部更换。需要说明的是，军用数据链的密级也各有不同，根据使用范围和层面的不同，军用数据链既有战略级，也有战术级等。而未来，量子数据链一旦研发成功，军用数据链的保密程度会大大提升。

由于作战理念、作战模式的不断演进和作战任务的不同，数据链不是唯一的，目前世界上已经有以 Link 战术数据链、CDL 通用数据链、WDL 武器数据链、协同作战能力 CEC 数据链、MADL 与 IFDL 机间数据链、战术瞄准网络 TTNT 数据链等为代表的多种装备体系。今后，它们的数量还会继续增加。

同一款数据链之间也有不同升级版本。它们各有长处与短板，大多会"和平共处"择机发挥作用。即使同一个国家的军用数据链，它们之间也不是都可以"畅所欲言"，不少也存在"语言不通"的问题。例如，美军 F-35 与 F-22 的数据链就不兼容，诺斯罗普公司不得不另想办法解决这个问题。例如,给这两型飞机加上一个携带数据中转吊舱的有人或无人数据中转平台,借助数据中转平台的"翻译",这两型第五代战机才有可能实现彼此间的顺畅沟通。

纵观近几十年来的几场局部战争,数据链都扮演了相当重要的角色。例如,在英阿马岛争夺战中,数据链保障了英国海军成功远征马尔维纳斯群岛;在1982年叙以贝卡谷地空战中,以军通过数据链实现预警机对作战飞机的引导,击落叙利亚数十架战机;海湾战争中,美国使用数据链保障"爱国者"导弹发射,拦截伊拉克军队的"飞毛腿"导弹等。

如今,随着物联网、云计算、人工智能等新技术的快速发展,数据链的发展迎来新的挑战与机遇。未来战场能否更加透明,数据链的发展走向与进程至为关键。可以肯定的是,在未来,数据链将依然是战场末端聚能的"倍增器",是军队制胜战场的重要支撑。

透过《流浪地球 2》看根域名服务器

《流浪地球 2》中很多脑洞大开的硬科技,与现实的相互映照,是一个非常大的亮点,也是很多科技从业者与爱好者关注的焦点。其中"重启根服务器"这一关键情节,就引发了大量讨论。有业内人士指出,电影中关于根服务器的设定,有一些不符合现实的地方。

为什么一个"根服务器"会触及大众及从业者的神经呢?矛盾在于:中国拥有着全球第二的互联网经济水平。《世界互联网发展报告 2022》评估了全球 48 个国家和地区的互联网发展情况,中国仅次于美国。

但是,作为互联网"中枢神经"的 DNS 根服务器,中国此前拥有的数量却是一个大大的"零"。现实中我们所使用的互联网的主根服务器,一共有 13 个,分布在美国、欧洲、日本。具体来说,DNS 根服务器负责提供顶级域名解析服务,当我们尝试连接到互联网时,要通过它找到并到达想要的地址,无论在电影中还是现实里,都是最重要的网络基础设施之一,对网络安全、运行稳定至关重要。

IPv4 地址位数是 32 位,全球最多只有 2^{32}(约 43 亿)的网络设备可以连接到互联网。而 IPv4 迄今为止已经使用了 30 多年,联网设备早已超出协议范围能力,IP 地址走向枯竭,远远不能够满足中国用户对 IP 的使用需求。要知道,中国移动物联网连接数占全球70%,已经跃入"万亿级",绝不可能仅靠 IPv4 来支撑。

"雪人计划"(Yeti DNS Project)由中国下一代互联网工程中心领衔发起,是基于全新技术架构的全球下一代互联网(IPv6)根服务器测试和运营实验项目,旨在为下一代互联网提供更多的根服务器解决方案。按照"雪人计划"的规划,IPv6 根服务器全球一共有 25台,其中,中国会部署 1 台主根服务器和 3 台辅根服务器。

IPv6 大大扩展了地址空间。其地址长度是 128 位,理论上可提供的 IP 地址数量达到 2^{128},也就是一共 43 亿×43 亿×43 亿×43 亿个,几乎可以"为世界上的每一粒沙子编上一个网址"。

所以推动 IPv4 向 IPv6 升级,一劳永逸地解决 IP 资源枯竭的问题,对中国发展数字经济,起到决定性的作用。绕过 IPv4,在 IPv6 这一全新的起跑线上,中国有望获得关键的话语权,走出一个未来。

第 8 章 数据库技术应用基础

随着大数据时代的来临，人们面临越来越多的数据存储和管理需求，数据库技术成为一种普遍适用的工作技能。本章介绍数据库的基本概念、设计与实现，并以 MySQL 为例，借助 Navicat 工具进行相关数据操作。

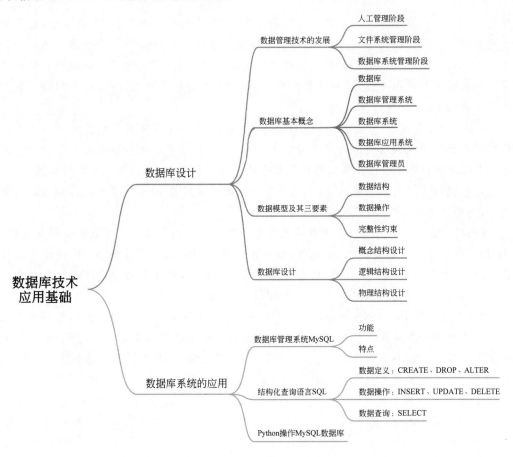

学习任务单（一）

章节名称	第 8 章 数据库技术应用基础 8.1 数据库设计 8.2 数据库系统的应用
学习目标	(1) 能描述数据模型的概念。 (2) 阐述典型数据库管理系统的基本组成。 (3) 描述数据库在管理信息系统中的作用。 (4) 会应用概念数据模型、逻辑数据模型、物理数据模型对实际问题进行建模。
学习内容	(1) 数据管理技术的发展。　(2) 数据库基本概念。 (3) 数据模型及其三要素。　(4) 数据库设计。
重点与 难点	重点：典型数据库管理系统的基本组成；实际问题的数据建模。 难点：实际问题的数据建模。

二、学习任务

线上学习	中国大学 MOOC 平台"大学计算机基础"。 自主观看以下内容的视频："第六单元 数据库探秘（一）6.1-6.2"。
研讨问题	某飞行训练基地有多架飞机、多名飞行员和地面保障人员。为提高信息化管理水平，欲开发飞行训练基地信息管理系统。经前期业务需求分析，该系统要管理飞行员、飞机、地面保障人员等基础信息，该基地的管理模式可概括如下：每名飞行员可驾驶同一机型的多架飞机，同一机型的每架飞机可由多名飞行员驾驶，每架飞机由多名地面保障人员维护，每名地面保障人员参与多架飞机的维护。其中，飞行员有飞行员编号、姓名、出生年月和飞行员等级属性；飞机有飞机编号、机型、服役时间属性；地面保障人员有人员编号、姓名、性别、出生年月属性。请分析上述资料，画 E-R 图，并转换成关系模式，给出各关系名称、属性以及关键字。例如，飞行员(飞行员编号,姓名,出生年月、飞行员等级)，飞行员编号属性加下画线代表其为飞行关系的关键字。

三、学习测评

内容	习题 8（一）

学习任务单（二）

章节名称	第 8 章 数据库技术应用基础 8.3 航空飞行训练管理数据库设计与实现
学习目标	（1）阐述数据库管理系统进行数据管理与维护的方法，会使用 MySQL 等典型数据库系统进行数据管理与维护。 （2）阐述结构化查询语言的作用，能应用 SQL 语言进行数据管理与维护。 （3）概括说明 SQL 语言语法及使用方法。 （4）能阐述通过 Python 编程进行数据管理的方法。
学习内容	（1）数据库系统的应用。 （2）航空飞行训练管理数据库设计与实现。
重点与难点	重点：利用数据库管理系统与 SQL 语句进行数据管理与维护。 难点：利用 SQL 语句进行数据管理与维护。

二、学习任务

线上学习	中国大学 MOOC 平台"大学计算机基础"。 自主观看以下内容的视频："第六单元 数据库探秘（二）6.3-6.4"。
研讨问题	在教学管理系统数据库中创建了如下所示的学员表，写出完成以下操作的 SQL 语句。 （1）学员表中插入一条学号为 XH003、姓名为张军的学员信息。 （2）删除学号 XH002 的学员信息。 （3）修改学号为 XH001 的学员的籍贯为上海。 （4）查询籍贯为云南的学员信息。

学号	姓名	性别	籍贯
XH001	孔帅	男	云南
XH002	林霏雪	女	山东

三、学习测评

内容	习题 8(二)

8.1　数据库设计

8.1.1　数据管理技术的发展

数据管理技术的发展经历了 3 个阶段：人工管理阶段、文件系统管理阶段和数据库系统管理阶段。

1. 人工管理阶段

时间：20 世纪 50 年代中期以前。

特点：

(1) 数据不能长期保存。

(2) 没有软件系统对数据进行统一管理。

(3) 数据不共享。

(4) 数据不具有独立性。

2. 文件系统管理阶段

时间：20 世纪 50 年代末至 60 年代中。

特点：

(1) 数据可以长期保存。

(2) 简单数据共享。

(3) 由文件系统管理数据。

3. 数据库系统管理阶段

时间：20 世纪 60 年代末以来。

特点：

(1) 数据由 DBMS 统一管理和控制。

(2) 采用复杂的数据模型(结构)。

(3) 数据的共享性高、冗余低、独立性强、易扩充。

(4) 数据库系统提供了方便的用户接口。

8.1.2　数据库基本概念

1. 数据库

数据库(DataBase,DB)是长期存储在计算机内、有组织的、可共享的大量数据集合。

2. 数据库管理系统

数据库管理系统(DataBase Management System,DBMS)是一种操纵和管理数据库的系统软件,用于建立、使用和维护数据库,DBMS 对数据库进行统一的管理和控制,以保证数据库的安全性和完整性。

流行的数据库管理系统有 Access、MySQL、SQL Server、Oracle 等。

3. 数据库应用系统

数据库应用系统是使用宿主语言(如 C、C++、Java 等)开发的软件,该软件实现了一些较为复杂的功能,为用户的常规工作提供了人机交互界面。如银行管理系统、医院管理系统、教学管理系统等。

4. 数据库管理员

进行建立、存储、修改和访问数据库中数据相关的管理工作人员称为数据库管理员。

5. 数据库系统

数据库系统(Database System,DBS)是指在计算机系统中引入数据库后的系统构成。由计算机系统(软硬件系统)、数据库、数据库管理系统(及其开发工具)、应用系统、数据库管理员(和用户)构成。

8.1.3　数据模型及其三要素

模型是对现实世界的抽象。数据模型也是一种模型,它是对现实世界数据特征的抽象。数据模型由数据结构、数据操作和完整性约束三要素组成。其中,数据结构描述数据库的组成对象和对象之间的联系,是对系统静态特性的描述;数据操作是对数据库中对象的实例允许执行的操作集合,是对系统动态特性的描述;数据完整性是指数据的正确性、有效性和相容性,是一组完整性规则的集合。

在数据库中,针对不同的使用对象和应用目的,采用不同的数据模型,一般可分为 3 类:概念数据模型、逻辑数据模型和物理数据模型。

概念数据模型是按用户的观点来对数据和信息建模,是对数据对象的基本表示和概括性描述,主要用于描述世界的概念化结构。这类模型应易于用户理解,是数据库设计人员和用户之间进行交流的工具。概念数据模型与 DBMS 无关。

逻辑数据模型是按计算机系统的观点对数据建模,主要用于 DBMS 的实现,主要包括层次模型、网状模型、关系模型等。用概念数据模型表示的数据必须转化为逻辑数据模型表示的数据,才能在 DBMS 中实现。逻辑数据模型与 DBMS 有关。

物理数据模型描述数据在系统内部的存储方式和存取方法,是面向计算机系统的。每种逻辑数据模型在实现时,都有其对应的物理数据模型。物理数据模型的实现不但与 DBMS 有关,还与操作系统和硬件有关。

8.1.4　数据库设计

数据库设计的主要工作是数据库建模,这是数据库应用程序设计与开发第一阶段的工作,对以后的工作产生深远影响,尤其是概念建模和逻辑建模。数据库设计的步骤可归纳为以下 3 步:首先进行概念结构设计,建立概念数据模型;然后进行逻辑结构设计,即将概念数据模型转化为逻辑数据模型;最后进行物理结构设计,即将逻辑数据模型转化为物理数据模型。这里,主要介绍概念结构设计和逻辑结构设计。

大学计算机基础——基于混合式学习

1. 概念结构设计

概念模型的表示方法很多,其中最为著名最为常用的是 P. P. S. Chen 于 1976 年提出的实体-联系方法(E-R 方法)。该方法用 E-R 图来描述现实世界的概念模型,E-R 方法也称为 E-R 模型。下面首先介绍 E-R 模型相关概念,再介绍 E-R 模型的设计方法。

1) 实体(Entity)

客观存在并可相互区别的事物称为实体。可以是具体的人、事、物或抽象的概念。

2) 实体集(Entity Set)

同型实体的集合称为实体集。

3) 属性(Attribute)

实体所具有的某一特性称为属性。一个实体可以由若干个属性来刻画。

4) 域(Domain)

属性的取值范围称为该属性的域。

5) 关键字、码(Key)

唯一标识实体的一组最小的属性集称为关键字或码。

6) 联系(Relationship)

实体之间往往存在各种关系,这种实体间的关系抽象为联系。实体间联系分为:一对一联系($1:1$)、一对多联系($1:n$)、多对多联系($m:n$)。

一对一联系($1:1$):如果对于实体集 A 中的每一个实体,实体集 B 中至多有一个实体与之联系,反之亦然,则称实体集 A 与实体集 B 具有一对一联系,记为 $1:1$。例如,班级和班长之间的联系是 $1:1$。

一对多联系($1:n$):如果对于实体集 A 中的每一个实体,实体集 B 中有 n 个实体($n \geqslant 0$)与之联系,反之,对于实体集 B 中的每一个实体,实体集 A 中至多只有一个实体与之联系,则称实体集 A 与实体集 B 是一对多联系,记为 $1:n$。例如,班级与学生之间的联系是 $1:n$。

多对多联系($m:n$):如果对于实体集 A 中的每一个实体,实体集 B 中有 n 个实体($n \geqslant 0$)与之联系,反之,对于实体集 B 中的每一个实体,实体集 A 中也有 m 个实体($m \geqslant 0$)与之联系,则称实体集 A 与实体 B 具有多对多联系,记为 $m:n$。例如,课程与学生之间的联系是 $m:n$。

7) E-R 图

用矩形表示实体,矩形框内写明实体名;用椭圆形表示属性,并用无向边将其与相应的实体连接起来;联系本身用菱形表示,菱形框内写明联系名,并用无向边分别与有关实体连接起来,同时在无向边旁标上联系的类型($1:1$、$1:n$ 或 $m:n$)。联系本身也是一种实体型,也可以有属性。如果一个联系具有属性,则这些属性也要用无向边与该联系连接起来。

概念设计的基本步骤可概括如下。

(1) 确定实体集。

(2) 标识联系。

(3) 标识属性并将属性与实体或联系相关联。

（4）确定实体键。

（5）画出 E-R 图。

例 8-1 某公司要开发一个员工管理信息系统，其数据存储管理需求如下所述。

（1）1 个公司有 4 个部门，每个部门只属于 1 个公司，每个部门都有部门 ID、部门名称、1 名主管经理。

（2）每个部门有多个雇员，每个雇员只在 1 个部门工作，每位雇员都有雇员 ID、姓名、性别、籍贯。

（3）每个雇员可以参与 1 到多个项目，每个项目可以有多个雇员参与，每个项目都有项目 ID、名称、地点。

请画出 E-R 图。

按照需求分析，画出 E-R 图，如图 8.1 所示。

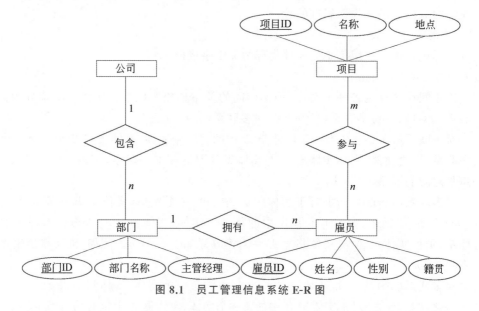

图 8.1　员工管理信息系统 E-R 图

因是公司内部员工管理信息系统，没有必要创建一个关系保存公司实体信息，故公司实体可省略。省略公司实体的员工管理信息系统 E-R 图如图 8.2 所示。

2. 逻辑结构设计

数据库系统中常用的逻辑数据模型有层次模型、网状模型、关系模型、面向对象模型、对象关系模型等，目前仍以关系模型为主。下面先介绍关系模型的基本概念，关系模型的基本运算和关系模型的完整性约束，再介绍 E-R 模型到关系模型的转化。

（1）关系。一个关系就是一张规范化的二维表（不允许表中有表）。

（2）元组。关系中的一行即为一个元组，有时也称为一个记录。

（3）属性。关系中的一列即为一个属性。

（4）域。属性的取值范围称为该属性的域。

（5）码。可以唯一确定一个元组的最小属性集合称为候选码（Candidate Key），或简称为码（Key）。

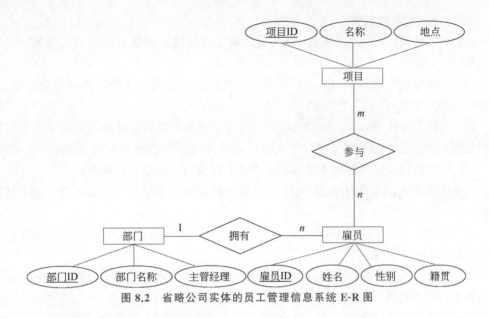

图 8.2　省略公司实体的员工管理信息系统 E-R 图

(6) 分量。元组中的一个属性值。

(7) 关系模式。对关系的描述,一般表示为:

关系名(属性 1,属性 2,…,属性 n)

(8) 外部关键字(外码)。关系的一个外部关键字是其属性的一个子集,这个子集不是本关系的关键字,而是另一个关系的关键字。如学生选课表中的学号和课程编号都是外部关键字。外部关键字是关系之间的连接纽带,在进行多表查询时,起到连接多个表的作用。

在关系模型中,实体以及实体之间的联系也是用关系来表示的。例如,学生、课程、学生与课程之间的选修关系在关系模型中可以表示如下:

学生(学号、姓名、性别、年龄)
课程(课程编号,课程名称)
选修(学号,课程编号,成绩)

关系模型的基本运算有选择、投影和连接。

(1) 选择。在指定的关系中按照用户给定的条件进行筛选,将满足条件的元组放入结果关系。例如,在"学生关系"中查询所有女生的信息,满足条件的元组组成新的关系"女生信息一览表"。

(2) 投影。从指定关系的属性集合中选取属性或属性组组成新的关系。由于属性减少而出现的重复元组被自动删除。例如,查询"学生关系"中所有学生的学号和姓名,满足条件的元组组成新的关系"学生基本信息表"。

(3) 连接。将两个关系中的元组按指定条件进行组合,生成一个新的关系。例如,将"教师关系"和"课程关系"按照相同教师编号对元组进行合并,组成新的关系"教师授课一览表"。

关系的完整性约束包括域完整性约束、实体完整性约束、引用完整性(参照完整性)约束、用户定义的完整性约束。

（1）域完整性（Domain Integrity）约束。规定属性值必须取自于值域以及属性能否取空值（NULL）。

（2）实体完整性（Entity Integrity）约束。规定组成主关键字的属性不能取空值，能够唯一标识一个实体。

（3）引用完整性（Referential Integrity）约束。考虑不同关系之间或同一关系的不同元组之间的制约。规定外部关键字要么取空，要么引用实际存在的候选关键字。

（4）用户自定义完整性约束。数据库设计者定义自己的语义约束条件。

在数据库逻辑结构设计中，如何将 E-R 模型转换到关系模型呢？主要遵循以下转换规则。

（1）实体。每一个实体都转换为一个关系，实体的属性转换为关系的属性，实体的主关键字转换为关系的主关键字。

（2）一对一联系。将任意一方的主关键字放入另外一方的关系中，作为外部关键字。若联系本身还具有属性，则也将属性放入这一关系中。

（3）一对多联系。将一方的主关键字放入多方的关系中，作为多方的外部关键字。若联系本身还具有属性，则也将属性放入多方的关系中。

（4）多对多联系。为多对多联系创建一个新的关系，将参与这个多对多联系的双方的主关键字放入这个关系，作为外部关键字，双方的主关键字合在一起构成了新的关系的主关键字。若联系还具有自己的属性，则这些属性也要放入这个关系。

例 8-2 将例 8-1 员工管理信息系统 E-R 模型转换为关系模型。

按照 E-R 模型到关系模型的转换规则，得到如下关系模型：

部门(部门 ID,部门名称,主管经理)
雇员(雇员 ID,姓名,性别,籍贯,部门 ID)
项目(项目 ID,名称,地点)
参与(雇员 ID,项目 ID)

8.2 数据库系统的应用

8.2.1 数据库管理系统 MySQL

数据库管理系统一般具备以下功能。

（1）数据库的定义。

（2）数据库的操作及优化。

（3）数据库的控制运行。

（4）数据库的恢复和维护。

（5）数据库的数据管理。

（6）提供数据库的多种接口。

MySQL 是目前最为流行的开放源代码的数据库，是完全网络化的跨平台的关系数据库系统。MySQL 有如下特点。

（1）成本低。

（2）性能高，执行速度快。

（3）可信赖性高。

（4）简单，易安装易使用。

MySQL 可借助 Navicat、SQLyog 等第三方软件工具，实现界面操作，简单易学。还可以借助 SQL 语句实现命令操作。

8.2.2　结构化查询语言 SQL

SQL(Structured Query Language)即结构化查询语言，是关系数据库的标准语言。SQL 是一个通用的、功能强大的关系数据库语言，其功能不仅仅是查询。当前，几乎所有的关系数据库管理系统软件都支持 SQL。SQL 语言的动词如表 8.1 所示。

SQL 具有以下特点。

（1）综合统一。

（2）高度非过程化。

（3）面向集合的操作方式。

（4）以同一种语法结构提供两种使用方式。

（5）语言简捷，易学易用。

表 8.1　SQL 语言的动词

SQL 功能	动　　词
数据定义	CREATE,DROP,ALTER
数据查询	SELECT
数据操纵	INSERT,UPDATE,DELETE
数据控制	GRANT,REVOKE

下面以教学管理(jxgl)数据库为例，介绍 SQL 语句。该数据库包含 student、teacher、course、study、office 五个数据表，详见本章"拓展提高"。

1. 创建数据库

```
CREATE   DATABASE   数据库名;
```

例 8-3　创建教学管理数据库。

```
CREATE   DATABASE   jxgl  DEFAULT CHARACTER SET gb2312;
```

注：DEFAULT CHARACTER SET gb2312 是为了显示中文字符而设定的字符集。

2. 删除数据库

```
DROP  DATABASE  数据库名;
```

例 8-4 删除教学管理数据库。

```
DROP  DATABASE  jxgl
```

3. 定义数据表

```
CREATE TABLE <表名>
( <列名>  <数据类型>,
[<列名>  <数据类型>]
…  )
```

MySQL 常用数据类型有：

char	字符(串)类型,可以是 0~255
varchar	可变长度字符(串)类型,取值范围是 0~65535
int	4 字节整数类型
float	小数 4 字节
double、decimal	小数 8 字节
datetime	日期时间类型

例 8-5 创建学生表 student。

```
CREATE TABLE student
    ( 学号  varchar(6),
      姓名  varchar(8),
      性别  varchar(2),
      籍贯  varchar(10));
```

4. 修改数据表(结构)

```
ALTER TABLE <表名>
[ ADD <新列名> <数据类型>]
[ DROP COLUMN <列名> ]
[MODIFY <列名> <数据类型>]
```

功能：增加一列,删除一列,修改一列的定义。

例 8-6 学生表增加出生日期属性。

```
ALTER TABLE student ADD 出生日期   date;
```

例 8-7 学生表删除出生日期属性。

```
ALTER TABLE student DROP COLUMN  出生日期;
```

例 8-8   将学生表籍贯属性长度修改为 20 字节。

```
ALTER TABLE student MODIFY  籍贯 varchar(20);
```

5. 删除数据表

```
DROP TABLE <表名>
```

例 8-9   删除学生表。

```
DROP TABLE student;
```

6. 插入数据

```
INSERT  INTO <表名> [(<属性列 1>[,<属性列 2 >…)]
VALUES (<常量 1> [,<常量 2>]… )
```

例 8-10   向学生表插入记录。

```
INSERT  INTO  student   VALUES ('XH001','孔帅','男','云南');
INSERT  INTO  student   VALUES ('XH002','林霏雪','女','湖南');
INSERT  INTO  student   VALUES ('XH003','王林','女','山东');
```

7. 修改数据

```
UPDATE  <表名>
SET  <列名>=<表达式>[,<列名>=<表达式>]…
[WHERE <条件>]
```

功能：修改指定表中满足 WHERE 子句条件的元组。

例 8-11   将王林的性别修改为"男"。

```
UPDATE  student
SET  性别='男'
WHERE 姓名='王林';
```

8. 删除数据

```
DELETE   FROM    <表名>
[WHERE <条件>]
```

功能：删除指定表中满足 WHERE 子句条件的元组。

例 8-12   删除学生王林的信息。

```
DELETE    FROM    student  WHERE 姓名='王林';
```

9. 数据查询

```
SELECT <目标列表达式> ,[<目标列表达式>]
FROM <表名> [,<表名> ]…
[ WHERE <条件表达式> ]
```

说明：WHERE 子句是在行的方向上对表进行操作,返回满足条件的元组集,相当于关系代数中的选择运算。

例 8-13　查询学生的学号和姓名。

```
SELECT  学号,姓名  FROM student;
```

例 8-14　查询学生表的所有信息。

```
SELECT  *  FROM student;
```

例 8-15　查询所有的女生信息。

```
SELECT  *  FROM  student  WHERE  性别='女';
```

例 8-16　查询湖南籍的女生信息。

```
SELECT  *  FROM  student  WHERE  籍贯='湖南'  AND  性别='女';
```

连接查询：同时涉及多个表的查询称为连接查询。用来连接两个表的条件称为连接条件或连接谓词。一般形式如下：

```
[<表名 1>.]<列名 1>  <比较运算符>  [<表名 2>.]<列名 2>
```

比较运算符:=、>、<、>=、<=、!=。

例 8-17　查询副教授所授课程的课程名称和学时。

```
SELECT 课程名称,学时数
FROM  course,teacher
WHERE  course.授课教师编号=teacher.教师编号  AND  职称='副教授';
```

例 8-18　查询在银河楼办公的教师编号、姓名。

```
SELECT  teacher.教师编号,教师姓名
FROM  teacher,office
WHERE  teacher.教师编号=office.教师编号  AND  办公楼名称='银河楼';
```

8.2.3　Python 操作 MySQL 数据库

Python 作为宿主语言,MySQL 作为数据库管理系统,如何在 Python 环境中连接、访

问 MySQL 数据库,并进行数据操作呢?

操作 MySQL 数据库,首先要做的是连接数据库,然后进行各种操作。

1. Python 连接 MySQL 数据库

(1) 导入相应的数据库模块。

```
import MySQLdb
```

注:MySQL 数据库要用 MySQLdb 模块,该模块不是 Python 自带的,需要提前安装。安装时应下载与 Python 版本一致的安装文件包。

(2) 建立数据库连接,返回 Connection 对象(需要启动 MySQL 服务)。

```
conn=MySQLdb.connect(host='localhost',port=3306,user='root',passwd='root',
db='jxgl',charset='utf8');
```

说明:使用数据库模块的 connect 函数建立数据库连接,返回连接对象 conn。

connect(host,user,passwd ,charset,dbname, charset)函数:打开数据库连接,其中,host 为主机地址,user 为 MySQL 的用户名,passwd 为用户名的密码,dbname 为数据库名称,charset 为字符的编码设置。

2. 使用 Python 操作 MySQL 数据库

(1) 创建游标对象 cur。

```
cur=conn.cursor();
```

说明:

① 什么是游标?

SQL 是面向集合的,主语言是面向记录的,为了协调这两种不同的处理方式,引入游标的概念。游标是系统为用户开设的一个数据缓冲区。相当于一个 Python 迭代器,可以每次迭代地访问一行。cursor()函数的功能就是获取数据库操作的游标。

② 游标有哪些方法?

execute:执行单条 SQL 语句,接收的参数为 SQL 语句,返回值为受影响的行数。

fetchall:接收全部的返回结果行。

fetchmany:返回多条结果行。

fetchone:返回一条结果行。

close:关闭方法。

(2) 使用 cursor 对象的 execute 执行 SQL 命令,返回结果。

```
cur.execute("SELECT * FROM student");          #返回记录数
a=cur.fetchone();
print(a);                                      #返回1条记录
#插入一条记录
cur.execute("INSERT INTO student VALUES('XH003','王林','女','山东')");
#修改一条记录
```

```
cur.execute("UPDATE student SET 性别='男' WHERE 姓名='王林'");
#查询结果
bb=cur.execute("SELECT * FROM student");
info=cur.fetchmany(bb)
for ii in info:
    print (ii)                                    #输出所有记录
#删除一条记录
cur.execute("DELETE FROM student   WHERE 姓名='王林'");
#查询结果
cc=cur.execute("SELECT * FROM student");
info2=cur.fetchmany(cc)
for jj in info2:
    print (jj)
```

（3）数据库的提交和回滚。

```
conn.commit()
conn.rollback()
```

commit()函数：将执行过的 SQL 语句提交到数据库执行，即同步到本地数据库。
rollback()函数：将执行过的 SQL 语句回滚（撤销）到之前的某一状态。
（4）关闭 cursor 对象和 connection 对象。

```
cur.close()
conn.close()
```

8.3　航空飞行训练管理数据库设计与实现

本节以一个具体的案例——航空飞行训练管理数据库为例，介绍数据库的设计与实现。

8.3.1　业务需求

某飞行训练基地为提高信息化管理水平，现要建设飞行训练管理数据库。经前期业务需求分析，该系统要管理飞行教官、飞行学员、训练课目等信息。该基地飞行训练信息概况如下。

（1）每名飞行教官教授多个飞行训练课目，每个训练课目由多名飞行教官教授；飞行教官有教官编号、教官姓名、职务等级、飞行等级属性；训练课目有课目编号、课目名称、时长等属性。

（2）每名飞行学员要学习多个飞行训练课目，每个训练课目由多名飞行学员学习，每次飞行训练后都有飞行成绩。飞行学员有学员编号、姓名、性别、机型属性。

8.3.2 概念结构设计

从上述描述中可以提取的实体有飞行教官、训练课目和学员。飞行教官实体的属性有教官编号、教官姓名、职务等级、飞行等级。训练课目实体的属性有课目编号、课目名称、时长。飞行学员实体的属性有学员编号、姓名、性别、机型。飞行教官和训练课目之间是多对多的联系；飞行学员和训练课目之间是多对多的联系，且此联系有成绩属性。

根据以上分析，设计该数据库系统的 E-R 模型，如图 8.3 所示。

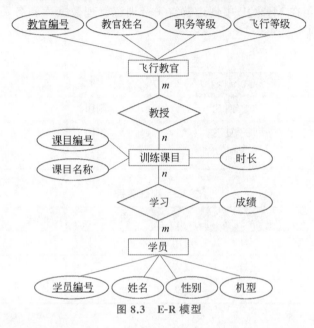

图 8.3　E-R 模型

8.3.3 逻辑结构设计

按照 E-R 模型转换为关系模型的转换原则如下。

（1）实体。每一个实体都转换为一个关系，实体的属性转换为关系的属性，实体的主关键字转换为关系的主关键字。

（2）一对一联系。将任意一方的主关键字放入另外一方的关系中，作为外部关键字。若联系本身还具有属性，则也将属性放入这一关系中。

（3）一对多联系。将一方的主关键字放入多方的关系中，作为多方的外部关键字。若联系本身还具有属性，则也将属性放入多方的关系中。

（4）多对多联系。为多对多联系创建一个新的关系，将参与这个多对多联系的双方的主关键字放入这个关系，作为外部关键字，双方的主关键字合在一起构成了新的关系的主关键字。若联系还具有自己的属性，则这些属性也要放入这个关系。

将上述 E-R 模型转换为如下关系模型。

飞行教官(<u>教官编号</u>,教官姓名,职务等级,飞行等级)
训练课目(<u>课目编号</u>,课目名称,时长)
教授(<u>教官编号</u>,<u>课目编号</u>)
学员(<u>学员编号</u>,姓名,性别,机型)
学习(<u>学员编号</u>,<u>课目编号</u>,成绩)

8.3.4 数据库实施

使用 SQL 语句在 MySQL 中创建航空飞行训练管理数据库和各关系,并插入数据,如表 8.2~表 8.6 所示。

表 8.2 飞行教官

教官编号	教官姓名	职务等级	飞行等级
JG001	谢凡	副团	三级
JG002	夏飞	正团	二级
JG003	简清	副师	一级

表 8.3 训练课目

课目编号	课目名称	时长
KM001	通用驾驶技术	40
KM002	仪表	30
KM003	编队	10

表 8.4 教授

教官编号	课目编号
JG001	KM001
JG002	KM003
JG003	KM001
JG001	KM002

表 8.5 学员

学员编号	姓名	性别	机型
XY001	孔明	男	歼轰七
XY002	林帅	男	歼轰七

大学计算机基础——基于混合式学习

表 8.6 学习

学员编号	课目编号	成　绩
XY001	KM001	85
XY001	KM003	82
XY002	KM001	70
XY002	KM002	88

创建上述数据库和其中 5 个关系,并插入数据的 SQL 语句如下。

```
CREATE  database  fxxl  DEFAULT  character  set  gb2312;
CREATE  TABLE pilotTeacher
    (教官编号  varchar(6)  primary key,
     教官姓名  varchar(8),
     职务等级  varchar(4),
     飞行等级  varchar(10) );
INSERT  INTO pilotTeacher  VALUES ('JG001','谢凡','副团','三级');
INSERT  INTO pilotTeacher  VALUES ('JG002','夏飞','正团','二级');
INSERT  INTO pilotTeacher  VALUES ('JG003','简清','副师','一级');

CREATE  TABLE trainingCourse
    (课目编号  varchar(6)  primary key,
     课目名称  varchar(8),
     时长 int(2) );
INSERT  INTO trainingCourse  VALUES ('KM001','通用驾驶技术',40);
INSERT  INTO trainingCourse  VALUES ('KM002','仪表',30);
INSERT  INTO trainingCourse  VALUES ('KM003','编队',10);

CREATE  TABLE teach
    (教官编号  varchar(6),
     课目编号  varchar(6)
     );
INSERT  INTO teach  VALUES ('JG001','KM001');
INSERT  INTO teach  VALUES ('JG002','KM003');
INSERT  INTO teach  VALUES ('JG003','KM001');
INSERT  INTO teach  VALUES ('JG001','KM002');

CREATE  TABLE pilotStudent
    (学员编号  varchar(6)  primary key,
     姓名  varchar(8),
     性别  varchar(2),
     机型  varchar(10) );
INSERT  INTO pilotStudent  VALUES ('XY001','孔明','男','歼轰七');
INSERT  INTO pilotStudent  VALUES ('XY002','林帅','男','歼轰七');

CREATE  TABLE trainingScore
    (学员编号  varchar(6),
```

```
    课目编号   varchar(8),
      成绩   int(2),
primary key(学员编号,课目编号)   );
INSERT  INTO trainingScore  VALUES ('XY001','KM001',85);
INSERT  INTO trainingScore  VALUES ('XY001','KM003',82);
INSERT  INTO trainingScore  VALUES ('XY002','KM001',70);
INSERT  INTO trainingScore  VALUES ('XY002','KM002',88);
```

8.3.5   数据操作

有了数据库和相应数据,就可以使用 SQL 语句实现数据的查询、插入、删除、修改。

(1) 修改飞行教官谢凡的飞行等级为二级。

```
UPDATE   pilotTeacher
SET 飞行等级='二级'
WHERE   教官姓名='谢凡';
```

运行结果如图 8.4 所示。

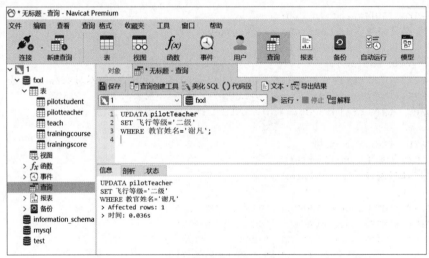

图 8.4   修改语句运行结果

(2) 查询训练时长超过 20(含 20)的训练课目名称。

```
SELECT 课目名称 FROM trainingCourse WHERE 时长>=20;
```

查询结果如图 8.5 所示。

(3) 查询成绩超过 85(含 85)的学员编号和课目编号。

```
SELECT 学员编号,课目编号 FROM trainingScore WHERE 成绩>=85;
```

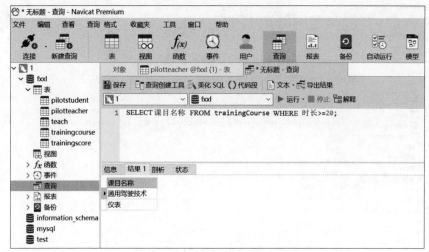

图 8.5　训练课目查询结果

查询结果如图 8.6 所示。

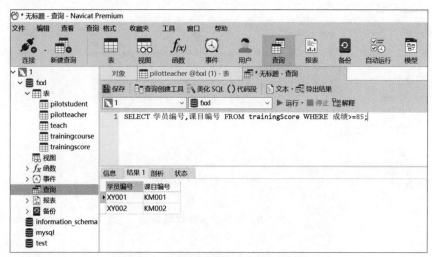

图 8.6　学员编号和课目编号查询结果

（4）查询参与了 KM001 课目训练的学员编号、姓名和成绩。

```
SELECT pilotStudent.学员编号, pilotStudent.姓名, 成绩
FROM pilotStudent, trainingScore
WHERE pilotStudent.学员编号=trainingScore.学员编号 AND trainingScore.课目编号=
'KM001';
```

查询结果如图 8.7 所示。

（5）删除教官编号是 JG003 的教官信息。

```
DELETE FROM pilotTeacher WHERE 教官编号 ='JG003'
```

图 8.7　学员编号、姓名、成绩查询结果

运行结果如图 8.8 所示。

图 8.8　删除语句运行结果

8.4　本章小结

本章介绍数据库的基本概念、设计与实现，并以 MySQL 为例，借助 Navicat 工具进行相关数据操作。

习　题　8

（一）

1. 数据库（DB）、数据库系统（DBS）和数据库管理系统（DBMS）之间的关系是（　　）。

A. DBS 就是 DB，也就是 DBMS B. DBS 包括 DB 和 DBMS

C. DB 包括 DBS 和 DBMS D. DBMS 包括 DB 和 DBS

2. 下列叙述中正确的是（ ）。

 A. 数据库的数据项之间无联系

 B. 数据库中任意两个表之间一定不存在联系

 C. 数据库的数据项之间存在联系

 D. 数据库的数据项之间以及两个表之间都不存在联系

3. 下列叙述中正确的是（ ）。

 A. 数据库系统避免了一切冗余

 B. 数据库系统减少了数据冗余

 C. 数据库系统中数据的一致性是指数据类型一致

 D. 数据库系统比文件系统能管理更多的数据

4. 关于数据库管理阶段的特点，下列说法中错误的是（ ）。

 A. 数据独立性差   B. 数据的共享性高，冗余度低，易扩充

 C. 数据真正实现了结构化   D. 数据由 DBMS 统一管理和控制

5. 关系数据模型的 3 个组成部分中不包括（ ）。

 A. 关系的数据操纵   B. 关系的并发控制

 C. 关系的数据结构   D. 关系的完整性约束

6. 在学校里，教师可以讲授不同的课程，同一课程也可由不同教师讲授，则实体教师与实体课程的联系是（ ）。

 A. 一对多   B. 一对一   C. 多对一   D. 多对多

7. 下列关于关系模型中键（码）的描述中正确的是（ ）。

 A. 至多由一个属性组成

 B. 由一个或多个属性组成，其值能够唯一标识关系中一个元组

 C. 可以由关系中任意一个属性组成

 D. 关系中可以不存在键

8. 学校的数据库中有表示系和学生的关系：系(系编号,系名称,系主任,电话,地点),学生(学号,姓名,性别,入学日期,专业,系编号),则关系学生中的主键和外键分别是（ ）。

 A. 学号,无   B. 学号,专业   C. 学习,姓名   D. 学号,系编号

9. 有两个关系 R 和 T 如下所示：

R

A	B	C
a	1	2
b	4	4
c	2	3
d	3	2

T

A	B
a	1
b	4
c	2
d	3

则由关系 R 得到关系 T 的运算是(　　　　)。

    A. 并　　　　　　　　B. 交　　　　　　　　C. 选择　　　　　　　　D. 投影

10. 在关系数据库设计中,关系模式设计属于(　　　　)。

    A. 物理设计　　　　B. 需求分析　　　　C. 概念设计　　　　D. 逻辑设计

习题 8(一)参考答案

<h2 style="text-align:center">(二)</h2>

11. 数据库管理系统的基本功能不包括(　　　　)。

    A. 数据库定义　　　　　　　　　　　　B. 数据库和网络中其他系统的通信

    C. 数据库的建立和维护　　　　　　　　D. 数据库访问

12. 在进行逻辑设计时,将 E-R 图中实体之间联系转换为关系数据库的(　　　　)。

    A. 元组　　　　　　B. 关系　　　　　　C. 属性　　　　　　D. 属性的值域

13. 设有表示学生选课的关系学生 S、课程 C 和选课 SC:

    S(学号,姓名,年龄,性别,籍贯),
    C(课程号,课程名,教师,办公室),
    SC(学号,课程号,成绩)。

则查询籍贯为上海的学生学号、姓名和成绩的表达式是(　　　　)。

    A. SELECT S.学号,姓名,成绩　FROM S,SC WHERE 籍贯="上海" AND S.学号=SC.学号

    B. SELECT 姓名,学号　FROM S,SC WHERE 籍贯="上海"

    C. SELECT 姓名+学号　FROM S,SC　WHERE 籍贯="上海" AND S.学号=SC.学号

    D. SELECT 姓名 AND 学号　FROM S WHERE 籍贯="上海"

14. 表示学生选修课程的关系模式是 SC(S#, C#, G)。其中,S#为学号,C#为课程号,G 为成绩。查询选修了课程号为 2 的课且成绩不及格的学生学号的表达式是(　　　　)。

    A. SELECT S# FROM SC WHERE C#="2" AND G<60

    B. SELECT S# FROM SC WHERE C#="2" OR G<60

    C. SELECT S# FROM SC WHERE C#="2" AND G>=60

    D. SELECT S# FROM SC WHERE C#="2" OR G>=60

15. 设有表示学生的关系 student (学号,姓名,年龄,性别,籍贯),查询所有学生信息的 SQL 语句是(　　　　)。

    A. SELECT ALL FROM student　　　　B. SELECT FROM student

    C. SELECT * FROM student　　　　　D. SELECT ALL student

16. 下列不属于 DML(数据操纵语言)关键字的是(　　　　)。

    A. SELECT　　　　B. INSERT　　　　C. DELETE　　　　D. UPDATE

17. 删除数据记录的 SQL 关键字是（　　　）。

    A. SELECT　　　　B. INSERT　　　　C. DELETE　　　　D. UPDATE

18. 设有表示学生的关系 S(sno, sname, birthdate, sex)，查询 2000 年 1 月出生的所有学生信息，正确的 SQL 语句是（　　　）。

    A. SELECT ＊ FROM student WHERE birthdate＞＝'2000-1-1' && birthdate
          ＜＝'2000-1-31'

    B. SELECT ＊ FROM student WHERE birthdate＞＝'2000-1-1' & birthdate＜
          ＝'2000-1-31'

    C. SELECT ＊ FROM student WHERE birthdate＞＝'2000-1-1' AND birthdate
          ＜＝'2000-1-31'

    D. SELECT ＊ FROM student WHERE birthdate＞＝'2000-1-1' OR birthdate
          ＜＝'2000-1-31'

19. 设有表示学生的关系 student(sno, sname, class, sex)，查询除了计算机 18001 班之外的所有学生信息，不正确的 SQL 语句是（　　　）。

    A. SELECT ＊ FROM student WHERE NOT class＝'计算机 18001'

    B. SELECT ＊ FROM student WHERE class＜＞'计算机 18001'

    C. SELECT ＊ FROM student WHERE class!＝'计算机 18001'

    D. SELECT ＊ FROM student WHERE not class is '计算机 18001'

20. 下列属于 DDL(数据定义语言)关键字的是（　　　）。

    A. DROP　　　　B. DELETE　　　　C. INSERT　　　　D. SELECT

习题 8(二)参考答案

拓 展 提 高

在 MySQL 中创建以下教学管理系统数据库、各数据表(见表 8.7～表 8.11)，插入数据，并对数据进行修改、查询。

表 8.7　student

学　号	姓　名	性　别	籍　贯
XH001	孔帅	男	云南
XH002	林霏雪	女	湖南

表 8.8　teacher

教师编号	教师姓名	职　称
JS001	谢一凡	教授
JS002	夏柳	副教授
JS003	简清	讲师

表 8.9　course

课程编号	课程名称	学时数	授课教师编号
KC001	大学计算机基础	40	JS001
KC002	数据库	30	JS003
KC003	程序设计基础	60	JS001
KC004	大学英语	90	JS002

表 8.10　study

学　号	课程编号	分　数
XH001	KC001	85
XH001	KC003	82
XH002	KC001	70
XH002	KC002	88
XH002	KC003	95

表 8.11　office

办公楼名称	房间号	教师编号
天河楼	305	JS001
银河楼	209	JS002
天河楼	403	JS003

（1）设计 SQL 语句实现以下功能。

① 创建上述数据库、5 个数据表，并插入数据。

② 将林霏雪的籍贯修改为湖北；

③ 插入一条学生信息：XH003 王林　男　山东。

④ 查询所有的男生信息。

⑤ 查询学时数超过 40（含 40）的课程信息。

⑥ 查询成绩超过 85（含 85）的学号和课号。

⑦ 查询选修了 KC001 课程学生的学号、姓名和成绩。

⑧ 查询在天河楼办公的教师编号、姓名。

⑨ 删除学号是 XH003 的学生。

（2）用 Python 连接 MySQL 数据库，并进行查、插、删、改等操作（具体要求同（1）中②～⑨）。

第 8 章拓展提高参考答案

课 外 资 料

国产数据库软件有哪些？

1. 达梦数据库

开发商：武汉华工达梦数据库有限公司。

软件描述：支持多个平台之间的互联互访、高效的并发控制机制、有效的查询优化策略、灵活的系统配置，支持各种故障恢复并提供多种备份和还原方式，具有高可靠性，支持多种多媒体数据类型，提供全文检索功能。各种管理工具简单易用，各种客户端编程接口都符合国际通用标准，用户文档齐全。

2. 神舟 oscar 数据库

开发商：北京神舟航天软件技术有限公司。

软件描述：神舟 oscar 数据库系统基于 Client 或 Server 架构实现，服务器具有通常数据库管理系统的一切常见功能，此外还包括一些有助于提高系统对工程数据支持的特别功能，而客户端则在提供了各种通用的应用开发接口的基础上，还具有丰富的连接、操作和配置服务器端的能力。

此外还有 gbase 南大通用数据库、金仓数据库、esgyndb 数据库、sequoiadb 巨杉数据库、oceanbase 数据库等。

一个简单的例子，告诉你数据库和大数据的关系

大数据的出现，必将颠覆传统的数据管理方式。在数据来源、数据处理方式和数据思维等方面都会对其带来革命性的变化。对于数据库研究人员和从业人员而言，必须清楚的是，从数据库到大数据，看似只是一个简单的技术演进，但细细考究不难发现两者有着本质上的差别。

如果要用简单的方式来比较传统的数据库和大数据的区别的话，我们认为"池塘捕鱼"和"大海捕鱼"是个很好的类比。"池塘捕鱼"代表着传统数据库时代的数据管理方式，而"大海捕鱼"则对应着大数据时代的数据管理方式，"鱼"是待处理的数据。"捕鱼"环境条件的变化导致了"捕鱼"方式的根本性差异，这些差异主要体现在如下几个方面。

1. 数据规模

"池塘"和"大海"最容易发现的区别就是规模。"池塘"规模相对较小，即便是先前认

为比较大的"池塘",譬如 VLDB(Very Large DataBase),和"大海"XLDB(Extremely Large DataBase)相比仍旧偏小。"池塘"的处理对象通常以 MB 为基本单位,而"大海"则常常以 GB,甚至是 TB、PB 为基本处理单位。

2. 数据类型

过去的"池塘"中,数据的种类单一,往往仅仅有一种或少数几种,这些数据又以结构化数据为主。而在"大海"中,数据的种类繁多,数以千计,而这些数据又包含着结构化、半结构化以及非结构化的数据,并且半结构化和非结构化数据所占份额越来越大。

3. 模式(Schema)和数据的关系

传统的数据库都是先有模式,然后才会产生数据。这就好比是先选好合适的"池塘",然后才会向其中投放适合在该"池塘"环境生长的"鱼"。而大数据时代很多情况下难以预先确定模式,模式只有在数据出现之后才能确定,且模式随着数据量的增长处于不断的演变之中。这就好比先有少量的鱼类,随着时间推移,鱼的种类和数量都在不断地增长。"鱼"的变化会使大海的成分和环境处于不断的变化之中。

4. 处理对象

在"池塘"中捕鱼,"鱼"仅仅是其捕捞对象。而在"大海"中,"鱼"除了是捕捞对象之外,还可以通过某些"鱼"的存在来判断其他种类的"鱼"是否存在。也就是说传统数据库中数据仅作为处理对象。而在大数据时代,要将数据作为一种资源来辅助解决其他诸多领域的问题。

5. 处理工具

捕捞"池塘"中的"鱼",一种渔网或少数几种基本就可以应对,也就是所谓的 One Size Fits All。但是在"大海"中,不可能存在一种渔网能够捕获所有的鱼类,也就是说 No Size Fits All。

第 9 章 计算机发展新技术

计算机技术的发展日新月异,已成为当今时代发展最迅速的科学技术之一。新的理论、新的技术、新的应用层出不穷,深深影响着人们的工作、学习和生活。本章将介绍近年来发展较快的一些新技术和一些非传统的新型计算技术。

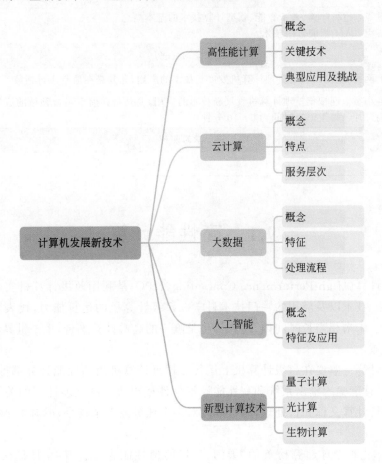

一、学习指南	
章节名称	第 9 章 计算机发展新技术
学习目标	(1) 能描述典型超级计算机系统中体系结构、网络拓扑、存储管理等基本结构。 (2) 能举例说明运行于超级计算机的典型应用系统。 (3) 阐述人工智能基本概念;描述人工智能的发展历程、知识表示技术、搜索原理、推理技术、机器学习、智能控制、人工神经网络等概念。 (4) 举例说明 Python 语言实现机器学习的经典算法。 (5) 举例说明新型计算机的现状与发展。
学习内容	(1) 高性能计算。(2) 云计算。(3) 大数据。(4) 人工智能。(5) 新型计算技术。
重点与 难点	重点:超级计算、人工智能、新型计算技术的基本概念。 难点:人工智能常用技术。
二、学习任务	
线上学习	上网查阅资料,收集整理计算机发展新技术的应用,尤其是在航空飞行领域。
重点任务	各小组上网搜集整理计算机发展新技术的应用,尤其是在航空飞行领域的应用,制作汇报幻灯片。每组汇报时间为 5～10 分钟。
三、学习测评	
内容	习题 9

9.1 高性能计算

高性能计算(High Performance Computing,HPC)是利用超级计算机实现并行计算的理论、方法、技术以及应用的一门技术科学。超级计算机的运算能力,代表着一个国家的科技实力。未来相当长时间内,超算仍将是唯一的高端计算平台,也是世界各国激烈竞争的重点领域。

高性能计算一般要在超级计算机上运行。超级计算机由高性能计算部件、高速互连通信系统、高性能输入输出系统和高性能计算软件栈组成。高性能计算的关键技术是并行计算。并行计算又称并行处理,是指同时对多个任务或多条指令,或对多个数据项进行处理。

2013 年,占据全球超算榜首的"天河二号"峰值性能为每秒 5.49 亿亿次。2016 年,"神威·太湖之光"峰值性能为每秒 12.5 亿亿次,持续速度 9.3 亿亿次。神威·太湖之光通过自主研发高性能处理器、构建软件生态,打破了国外技术封锁,真正实现了软硬件系统的完全自主可控,取得了突破性进展。2017 年,神威·太湖之光再次夺得冠军,标志着我国的超级计算机研制能力已位居世界领先水平,如图 9.1 所示。中国的"天河三号"在2019 年已经完成了原型机的研制,并已经开始在大飞机、航天器、新型发动机、新型反应堆、电磁仿真、生物医药等诸多高端领域发挥作用。"天河三号"采用全自主创新,自主飞腾 CPU,自主天河高速互联通信,自主麒麟操作系统,浮点计算处理能力将达到 10^{18},是全球首台 E 级计算机。

图 9.1　神威·太湖之光

　　超级计算机的体系结构主要有对称多处理、大规模并行处理、机群(Cluster)和群聚集等。

　　超级计算机在人类科技创新中发挥着关键作用,在许多科研项目中,都需要运用到超级计算机。例如宇宙科学、地球科学、生命科学、核科学、材料科学等大科学方面;载人航天与探月工程、大飞机设计制造、高分辨率对地观测、石油勘探、核电站工程、基因工程等大工程方面;以及汽车、船舶、机械制造、电子产品等传统产业的设计创新等产业升级方面。

9.2　云　计　算

　　云计算是基于互联网的相关服务的增加、使用和交付模式,通常通过互联网来提供动态易扩展且往往是虚拟化的资源。提供资源的网络被称为"云"。

　　云计算有以下特点。

　　(1) 超大规模。

　　(2) 虚拟化。

　　(3) 高可靠性。

　　(4) 通用性。

　　(5) 高可扩展性。

　　(6) 按需服务。

　　(7) 经济性。

　　(8) 潜在的危险性。

云计算一般有以下 3 种服务模式。

(1) Infrastructure-as-a-Service(基础设施即服务)。提供给消费者的服务是对所有计算基础设施的利用,包括处理 CPU、内存、存储、网络和其他基本的计算资源,用户能够部署和运行任意软件,包括操作系统和应用程序。

(2) Platform-as-a-Service(平台即服务)。提供给消费者的服务是把客户采用的开发语言和工具(例如 Java、Python、.NET 等)开发的或收购的应用程序部署到供应商的云计算基础设施上去。

(3) Software-as-a-Service(软件即服务)。提供给客户的服务是运营商运行在云计算基础设施上的应用程序,用户可以在各种设备上通过客户端界面访问,如浏览器。消费者不需要管理或控制任何云计算基础设施,包括网络、服务器、操作系统、存储等软件的开发、部署都交给第三方,不需要关心技术问题,可以拿来即用。

9.3 大 数 据

大数据(Big Data)指无法在一定时间范围内用常规软件工具进行捕捉、管理和处理的数据集合,是需要新处理模式才能具有更强的决策力、洞察发现力和流程优化能力的海量、高增长率和多样化的信息资产。

大数据具有以下特点。

(1) 数据量大(Volume)。

(2) 数据类型多样(Variety)。

(3) 处理速度快(Velocity)。

(4) 价值密度低(Value)。

大数据的处理流程大致如下:在合适工具的辅助下,对广泛异构的数据源进行抽取和集成,将结果按照一定的标准进行统一存储,利用合适的数据分析技术对存储的数据进行分析,从中提取有益的知识并以一种恰当的方式将结果展现给终端用户。

大数据的应用领域如下。

(1) 医疗领域,如健康预测。

(2) 金融领域,如芝麻信用。

(3) 其他领域,如高能物理、推荐系统、搜索引擎等。

9.4 人 工 智 能

人工智能(Artificial Intelligence,AI)是研究、开发用于模拟、延伸和扩展人的智能的理论、方法、技术及应用系统的一门技术科学。人工智能就是用人工的方法在机器(计算机)上实现的智能,或者说是人们使用机器模拟人类的智能。其发展历史如图 9.2 所示。

2016 年 3 月,阿尔法围棋(AlphaGo)与围棋世界冠军、职业九段棋手李世石进行围

　大学计算机基础——基于混合式学习

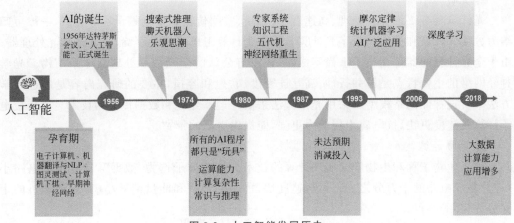

图 9.2　人工智能发展历史

棋人机大战,以 4 : 1 的总比分获胜;2016 年末 2017 年初,该程序在中国棋类网站上以"大师"(Master)为注册账号与中日韩数十位围棋高手进行快棋对决,连续 60 局无一败绩;2017 年 5 月,在中国乌镇围棋峰会上,它与排名世界第一的世界围棋冠军柯洁对战,以 3 : 0 的总比分获胜。围棋界公认阿尔法围棋(AlphaGo)的棋力已经超过人类职业围棋顶尖水平,在 GoRatings 网站公布的世界职业围棋排名中,其等级分曾超过排名人类第一的棋手柯洁。

　　人工智能的研究涉及广泛的领域,包括知识表示、搜索技术、机器学习、求解数据和知识不确定问题的各种方法等。人工智能的应用领域包括专家系统、博弈、定理证明、自然语言理解、图像理解和机器人等。

9.5　新型计算技术

1. 量子计算

　　量子计算是一种遵循量子力学规律调控量子信息单元进行计算的新型计算模式。传统的通用计算机,其理论模型是通用图灵机;通用的量子计算机,其理论模型是用量子力学规律重新诠释的通用图灵机。从可计算的问题来看,量子计算机只能解决传统计算机所能解决的问题,但是从计算的效率上,由于量子力学叠加性的存在,某些已知的量子算法在处理问题时速度要快于传统的通用计算机。按照量子物理规律完成计算任务的计算技术。量子计算速度快,信息处理能力强。并行性是其相对于经典运算的优势特征。

　　基本原理:量子力学态叠加原理使得量子信息单元的状态可以处于多种可能性的叠加状态,从而导致量子信息处理从效率上相比于经典信息处理具有更大潜力。普通计算机中的 2 位寄存器在某一时间仅能存储 4 个二进制数(00、01、10、11)中的一个,而量子计算机中的 2 位量子位(qubit)寄存器可同时存储这 4 种状态的叠加状态。随着量子比特数目的增加,对于 n 个量子比特而言,量子信息可以处于 2^n 种可能状态的叠加,配合量子力学演化的并行性,可以展现比传统计算机更快的处理速度。

2. 光计算

光计算具有二维并行处理、高速度、大容量、空间传输和抗电磁干扰等优点,一般可归纳为数字光计算和模拟—数字光计算。数字光计算考虑采用光存储、光互连和光处理器。由于全光计算的器件在技术上尚不成熟,还没有公认的全光数字处理器体系结构。光学神经网络的主要特点是群并行性、高互连密度、联想和容错,主要的研究内容是通过光学方法来实现神经网络模型。采用光学方法来实现运算处理和数据传输的技术。比传统电子计算机速度更快,抗电磁干扰能力更强,能提供更高的带宽。

3. 生物计算

利用生物工程和生物学来实现计算的技术。核酸分子作为"数据",具有集成电路小(硅片集成电路的十万分之一),运行速度快,抗电磁干扰和能量消耗小(普通计算机的十亿分之一)等特点。

9.6 本章小结

本章介绍了近年来发展较快的一些新技术和一些非传统的新型计算技术。

习 题 9

1. 高性能计算又称为( ),是世界公认的高新技术制高点。
   A. 超级计算　　　　B. 高速计算　　　　C. 并行计算　　　　D. 网格计算

2. 将平台作为服务的云计算服务类型是( )。
   A. IaaS　　　　　　B. PaaS　　　　　　C. SaaS　　　　　　D. 3 个选项都不是

3. 将基础设施作为服务的云计算服务类型是( )。
   A. IaaS　　　　　　B. PaaS　　　　　　C. SaaS　　　　　　D. 3 个选项都不是

4. 从研究现状上看,下面不属于云计算特点的是( )。
   A. 超大规模　　　　B. 虚拟化　　　　　C. 私有化　　　　　D. 高可靠性

5. 下列哪项不是大数据的特点( )。
   A. 数据量大　　　　　　　　　　　　B. 类型多样
   C. 数据价值密度高　　　　　　　　　D. 处理速度快

6. 下列应用了人工智能技术的是( )。
   ① 用手写板输入汉字 ②视频聊天 ③与计算机对弈 ④语音识别
   A. ①②③　　　　　　B. ①②④　　　　　　C. ①③④　　　　　　D. ②③④

7. 家用扫地机器人具有自动避障、自动清扫等功能,这主要体现了( )。
   A. 数据管理技术　　　　　　　　　　B. 人工智能技术
   C. 网络技术　　　　　　　　　　　　D. 多媒体技术

8. 机器人日益走进人们的学习生活,这主要是利用了( )技术。

A. 网络   B. 人工智能

C. 数据库技术   D. 自动化信息加工

9. 在某些电影中,经常可以看到这样一个场景:某人回到家,说了声"灯光",房间的灯就亮了,这主要应用了人工智能的( )。

A. 文字识别技术   B. 指纹识别技术

C. 语音识别技术   D. 光学字符识别

10. 下列不属于新型计算技术的是( )。

A. 冯·诺依曼体系结构   B. 光计算

C. 量子计算   D. 生物计算

习题 9 参考答案

拓 展 提 高

谈谈计算机发展新技术在航空飞行领域的应用。

第 9 章拓展提高参考答案

课 外 资 料

计算机领域划时代的十大新技术

1. 人工智能

人工智能是给当今技术带来革命的最重要的技术。这并不是一项新技术,它从很久之前就已经开始了,但没有被使用到最佳水平。现在,从智能手机到汽车和其他各种电子装置,人工智能正在被广泛使用。它是最近的技术趋势,没有它世界就无法生存。

2. 区块链

这项技术产生了虚拟货币——比特币,在市场上大放异彩。比特币这种货币已经占领了整个世界,货币率不断上升。那些投资于比特币的人从这里获得了很多,因为这是一种虚拟货币。除此之外,区块链还有很大的潜力,因为它几乎覆盖了当今所有的行业,从医疗保健到房地产。

3. 增强现实和虚拟现实

增强现实技术(Augmented Reality,AR),是一种实时地计算摄影机影像的位置及角度并加上相应图像的技术,是一种将真实世界信息和虚拟世界信息"无缝"集成的新技术,这种技术的目标是在屏幕上把虚拟世界套在现实世界并进行互动。

虚拟现实技术(Virtual Reality,VR),又称灵境技术,是20世纪发展起来的一项全新的实用技术。虚拟现实技术囊括计算机、电子信息、仿真技术于一体,其基本实现方式是计算机模拟虚拟环境从而给人以环境沉浸感。

VR和AR都致力于塑造一个具有真实感的感官输入环境。二者的主要区别在于,对沉浸式体验的要求有所不同。虚拟现实技术强调用户在虚拟环境中视觉、听觉、触觉等感官体验的沉浸,将用户的感官与现实世界分离开,这通常需要借助一些设备,如头戴式显示器,戴上后,用户的视觉被遮挡,无法感知周遭的真实环境。而增强现实技术致力于将虚拟环境与真实环境融为一体,可以将虚拟物体植入空间中进行操作和交互。

4. 深度学习

深度学习(Deep Learning,DL)是机器学习(Machine Learning,ML)的一个分支,它是一种基于神经网络的机器学习方法。深度学习可以自动从原始数据中学习特征和模式,并用这些特征和模式对数据进行分类或预测。与传统的机器学习方法不同,深度学习能够学习到多层抽象的特征,从而可以处理更加复杂和高维的数据。

深度学习中最为重要的是神经网络,神经网络由多个神经元组成,每个神经元接收多个输入,并输出一个结果。神经网络的核心是层级结构,每一层都由多个神经元组成,每一层的输出作为下一层的输入。深度学习通过增加神经网络的层数,可以学习到更加复杂和抽象的特征,从而实现更加精确的分类和预测。

深度学习的应用非常广泛,如计算机视觉、语音识别、自然语言处理、游戏人工智能、自动驾驶和医学影响分析等领域。

5. Angular 编程

Angular JS,也称为Angular,是一个开源JavaScript框架,已成为一种成功的技术,可用于构建吸引客户的前端。Angular JS支持一个现代视图控制器(MVC),可以快速轻松地进行开发。模型视图体系结构有一个管理应用程序数据的模型层。视图层显示数据,而控制器连接模型和视图层。Angular JS以其声明式用户界面和编码范式而闻名,尤其是在频繁构建可访问模式方面。这导致了更轻量级的代码,允许最佳的阅读和支持。

6. 开发运营(DevOps)

DevOps不是一种技术,而是一种方法论。这个术语是开发和运营的结合,代表了IT文化,通过采用敏捷环境,注重快速的服务交付。DevOps利用自动化工具,致力于利用越来越多的可编程的动态基础设施。它基本上是一个持续改进的过程,用于缩短软件开发的生命周期。

7. 物联网

物联网(Internet of Things,IoT)起源于传媒领域,是信息科技产业的第三次革命。物联网是指通过信息传感设备,按约定的协议,将任何物体与网络相连接,物体通过信息传播媒介进行信息交换和通信,以实现智能化识别、定位、跟踪、监管等功能。它以无缝连接和智能化管理为目标,正在引领着未来科技发展的新潮流。

物联网的构建是通过嵌入式传感器、通信技术和云计算等技术手段实现的。嵌入式传感器能够感知环境中的各种信息,如温度、湿度、光照等,并将这些数据转化为数字信号。通过各种通信技术,如无线网络、蓝牙、红外线等,传感器可以将数据传输到云平台或其他设备中。在云平台上,数据进行存储、分析和处理,从而实现对物体的智能监控和控制。

物联网在各个领域都有广泛的应用。在城市管理方面,智能交通系统通过传感器和监控设备实时监测交通流量,调整交通信号,优化交通流动,提高交通效率。在农业领域,农民可以通过农业物联网监测土壤湿度、作物生长情况等,实现精准灌溉和施肥,提高农作物产量。智能家居则是物联网的另一个重要应用领域,人们可以通过智能手机控制家中的灯光、空调、窗帘等设备,实现舒适便捷的生活。

8. 网络安全

网络安全(Cyber Security)是指网络系统的硬件、软件及其系统中的数据受到保护,不因偶然的或者恶意的原因而遭受到破坏、更改、泄露,系统连续可靠正常地运行,网络服务不中断。

网络安全性问题关系到未来网络应用的深入发展,它涉及安全策略、移动代码、指令保护、密码学、操作系统、软件工程和网络安全管理等内容。网络安全由于不同的环境和应用而产生了不同的类型。主要有系统安全、网络信息安全、信息传播安全和信息内容安全等。

应对网络安全问题,可以采用入侵检测系统部署、漏洞扫描系统和网络版杀毒产品部署等解决方案。

9. 大数据

大数据(Big Data),或称巨量资料,指的是所涉及的资料量规模巨大到无法透过主流软件工具,在合理时间内达到撷取、管理、处理、并整理成为帮助企业经营决策更积极目的的信息。大数据包括结构化、半结构化和非结构化数据,非结构化数据越来越成为数据的主要部分。

"大数据"是需要新处理模式才能具有更强的决策力、洞察发现力和流程优化能力来适应海量、高增长率和多样化的信息资产。大数据需要特殊的技术,以有效地处理大量的容忍经过时间内的数据。适用于大数据的技术,包括大规模并行处理(MPP)数据库、数据挖掘、分布式文件系统、分布式数据库、云计算平台、互联网和可扩展的存储系统。

大数据的应用示例包括大科学、RFID、感测设备网络、天文学、大气学、交通运输、基因组学、生物学、大社会数据分析、互联网文件处理、制作互联网搜索引擎索引、通信记录明细、军事侦察、金融大数据,医疗大数据,社交网络、通勤时间预测、医疗记录、照片图像和影像封存、大规模的电子商务等。

10. 机器人流程自动化

机器人流程自动化(RPA)使每个人都能将日常工作和重复性任务自动化。一个需要重复性任务或流程的行业,在 RPA 的帮助下,一切都可以自动化,而且不需要编写复杂的代码来实现这种任务的自动化。

什么是 ChatGPT

ChatGPT(Chat Generative Pre-trained Transformer)是美国 OpenAI 研发的聊天机器人程序,于 2022 年 11 月 30 日发布。ChatGPT 是人工智能技术驱动的自然语言处理工具,它能够通过理解和学习人类的语言来进行对话,还能根据聊天的上下文进行互动,真正像人类一样来聊天交流,甚至能完成撰写邮件、视频脚本、文案、论文以及生成代码和翻译等任务。

从 ChatGPT 看人工智能的军事应用

毛炜豪　2023 年 4 月 13 日《解放军报》7 版

ChatGPT 的潜在军事价值

ChatGPT 受到关注的重要原因是引入了新技术 RLHF。所谓 RLHF,就是通过人类的反馈来优化模型算法,使 AI 模型的输出结果和人类的常识、认知、价值观趋于一致。简单来说,就是跟过去的 AI 模型相比,ChatGPT"更像人类"了。这种"像"主要体现在自然语言处理方面,即语义分析和文本生成。语义分析方面,用户的任何问题基本都能够得到有效回应,不像过去很多时候"驴唇不对马嘴";文本处理方面,任何问题的答案都看起来逻辑通顺、意思明确、文笔流畅。应该说,这堪称自然语言处理领域的重大突破。

这一技术显然可以应用于军事领域。平时,基于 ChatGPT 技术的情报整编系统可针对互联网上的海量信息,作为虚拟助手帮助分析人员开展数据分析,以提高情报分析效能,挖掘潜在的高价值情报。战时,基于 ChatGPT 技术的情报整编系统可将大量战场情报自动整合为战场态势综合报告,以减轻情报人员工作负担,提高作战人员在快节奏战场中的情报分析和方案筹划能力。

ChatGPT 还可用于实施认知对抗。信息化、智能化时代,各国数字化程度普遍较高,这意味着民众之间的信息交流、观点传播、情绪感染的速度更快,也就意味着开展认知攻防的空间更大。ChatGPT 强大的自然语言处理能力,可以用来快速分析舆情,提取有价值信息,或制造虚假言论,干扰民众情绪;还可通过运用微妙而复杂的认知攻防战术,诱导、欺骗乃至操纵目标国民众认知,达到破坏其政府形象、改变其民众立场,乃至分化社会、颠覆政权的目的,实现"不战而屈人之兵"。

据悉,ChatGPT 使用的自然语言处理技术,正是美军联合全域指挥控制概念中重点研发的技术。2020 年 7 月 1 日,美国兰德公司空军项目组发布《现代战争中的联合全域指挥控制——识别和开发 AI 应用的分析框架》报告。该报告认为,AI 技术可分为 6 类,自然语言处理类技术作为其中之一,在"联合全域指挥控制"中有明确的应用——可用于从语音和文本中提取情报,并将相关信息发送给分队指挥官乃至单兵,以提醒他们潜在的冲突或机会。

"数据是深度愚蠢的"

ChatGPT 火爆的关键原因之一是"更像人类",然而,"更像人类"不等于"趋近人类智能"。ChatGPT 仅仅代表 AI 的新高度,但它还是 AI,仍存在着天然缺陷。

目前,主流 AI 模拟的都是大脑的"模式识别"功能,即在"感知"到外部信号刺激时,能迅速分辨出其性质特点。最初,科学家打算通过"制定规则"的方式来实现这一功能,但很快发现行不通。例如,很难用规则来定义一个人。这是因为,人的相貌、身材、行为等特点无法用明确而统一的规则来描述,更不可能转换为计算机语言。现实中,我们看到一个人就能迅速识别出来,并没有利用任何规则,而是通过大脑的"模式识别"功能来瞬间完成的。

这一识别过程为科学家提供了启示:第一,大脑是一个强大的模式识别器,其识别功能可以通过训练得到提高;第二,大脑的识别能力不是按照各种逻辑和规则进行的,而是一种"自动化"的行为;第三,大脑由数百亿个神经元组成,大脑计算不是基于明确规则的计算,而是基于神经元的计算。

这正是目前主流 AI 的底层逻辑——对大脑运行机制的模拟。基于这一逻辑,科学家开发了各类基于神经网络算法的神经网络模型,并取得了良好效果。其基本原理是:这些模型都由输入层、隐藏层和输出层三部分组成;从输入层输入图像等信息,经过隐藏层的自动化处理,再从输出层输出结果;模型内部包含大量"神经元",每个"神经元"都有单独的参数;如果输出结果与输入信息存在误差,模型则反过来自动修改各个"神经元"的参数;这样输入一次,跟正确答案对比一次,把各个参数修改一次,就相当于完成了一次训练。随着训练次数越来越多,模型参数的调整幅度越来越小,逐渐达到相对稳定的数值。此时,这个神经网络就算成型了。

这就是目前主流的神经网络算法,ChatGPT 也同样如此。不同之处在于,一般 AI 模型只有百万级训练数据和参数,而 ChatGPT 拥有 3000 亿单词的语料数据和 1750 亿个参数。前者是"喂给"程序的训练数据,后者则基于训练数据提升 ChatGPT 这个模型对世界的理解。这就是 ChatGPT 看起来"更聪明"的主要原因。但 ChatGPT 只是"大力出奇迹",其原理与过去的 AI 模型并没有本质区别。

了解了 AI 的基本原理,我们会发现 AI 存在两个天然缺陷。第一,AI 本身并不理解"它自己在做什么"。AI 模型就是一堆神经网络的参数,这些参数没有任何具体意义。AI 只负责输出结果,并不能解释输入与输出之间的逻辑关系。第二,AI 的"行为"是由训练数据决定的。训练 AI 的数据量越大,AI 的能力就越强。但数据再多,也只能代表"经验丰富",一旦遇到意外情况,就会发生功能紊乱。可以说,AI 就是用大量数据"喂"出来的,它的表现完全取决于数据。

因此,跟人类智能相比,AI 既没有真正的理解能力,又过于依赖训练数据,以至于计算机科学家和哲学家朱迪亚·珀尔有一句名言:"数据是深度愚蠢的"。

AI 原理带来的战争启示

尽管 AI 存在天然缺陷,但并不妨碍它成为优秀的"参谋"和助手。截至目前,AI 在军事领域的应用范围正在不断扩大,越来越多的 AI 作战应用正在或已经成为现实。

如侦察感知领域,一些发达国家军队的超视距雷达,正在使用 AI 对各种类型的空中目标进行快速标记和个体识别,目前已经实现了对无人机等小型目标的自动探测与识别。无人作战领域,美国国防部高级研究计划局正在实施一系列计划,致力于研究无人机、自主水面无人艇和水下潜航器以及陆基移动无人平台的组群使用，以实现相应的作战目的。此外，AI技术还渗透到指挥控制、训练模拟、后勤保障等领域，并逐渐发挥出日益重要的作用。

深入思考AI的特点原理和发展路径，会发现其中蕴含着一些关于战争的启示。

第一，技术深度决定战术高度。毫无疑问，AI时代战术的"技术含量"将越来越高，而"战术高度"很大程度上将取决于对AI技术的认识深度。2019年，比利时鲁汶大学的研究团队发明了一种可以骗过AI识别的彩色图形——只要把一张A4大小的特殊图形打印出来贴在身上，AI就不会把实验者当作"人"。循着这个思路会发现，只要找到AI的数据识别漏洞，就能够利用数据的"愚蠢"，骗过对方的侦察感知功能，进而发展出相应的对抗战术。但能否通过技术手段发现AI漏洞，是此类战术奏效与否的关键和前提。换句话说，对AI技术的研究深度将在很大程度上决定战术能够发挥的高度。

第二，打破常规是对抗AI的关键。目前AI的所有能力都在人类的认知边界内。如ChatGPT看似无所不知，但它能够提供的所有答案都是在人类已知的信息库中检索整合得出的。即使跟过去"不一样"，ChatGPT也只是通过内容整合"重组已知"，而非在观点和思想层面"发现未知"。或者说，AI的最大优势是"熟悉套路"和"优选方案"，劣势则是难以"打破常规"，更不能"无中生有"。这意味着，AI并不能从已知推导出未知，创新将是人类的最大优势。这进一步意味着，人类指挥员通过深度思考、逻辑推理进而打破常规、创新战法的能力无可取代，也必将是未来战场上应对"AI指挥员"的制胜利器。

第三，主宰战场的依然是人类而非AI。基于目前的计算机技术，AI发展存在天花板。其理论依据是"哥德尔不完备定理"。这一定理简单来说，就是"可数系统都是不完备的，其中某些问题永远无法在系统本身的层面得到解决"。根据这一原理，基于当前计算机技术的AI，可能永远无法超越人类。因为计算机系统本质是可数的，而人的意识是不可数的。例如，计算机所有的输入和输出，都必须用有限的数字来描述。比如圆周率。计算机里没有真正的圆周率，小数点后只能输入一个有限位的近似小数，到一定长度必须停下来。只要停下来，参与运算的这个圆周率就不是真正的 π。而真实世界与计算机模拟的数字世界是不同的。真实世界是不可数的，圆周率 π、自然常数 e 都可以无穷无尽地计算下去。AI运行于数字世界，人类则生活在实数宇宙。用基于目前计算机技术的AI来模拟人类智能，就像用语言系统来描述人类感觉——语言是可数的，而感觉是不可数的，所以有些感受"只可意会，不可言传"。由此可推导出，在真正的技术"奇点"到来之前，AI只能不断逼近人类智能，但永远无法超越。人类仍将是战场的最高主宰。

文 心 一 言

文心一言（英文名为ERNIE Bot）是百度公司全新一代知识增强大语言模型，文心大模型家族的新成员，能够与人对话互动，回答问题，协助创作，高效便捷地帮助人们获取信息、知识和灵感。文心一言是知识增强的大语言模型，基于飞桨深度学习平台和文心知识增强大模型,持续从海量数据和大规模知识中融合学习具备知识增强、检索增强和对话增强的技术特色。

与文心一言的互动,举例如下。

(1)大数据的发展现状,如图9.3所示。

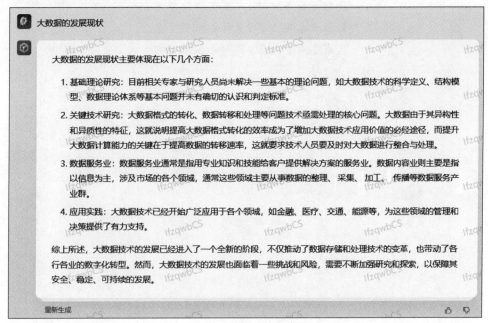

图 9.3　文心一言互动一

(2)绘画:画一个喜庆的小兔子,如图9.4所示。

图 9.4　文心一言互动二

（3）作诗：以"春末夏初"为题，作一首藏头诗，结果如下。

春风又绿百花香，末路穷途世事忙。
夏日池塘荷韵绿，初心不改始终如。
夏雨凄凉蝉噪晚，初来人间志未酬。
秋菊金黄争璀璨，末路荣华醉梦乡。
初阳照水色如蓝，夏月如金碧玉盘。
秋霜冬雪春华谢，初心不改始终如。

参 考 文 献

[1]　李暾，毛晓光，刘万伟，等. 大学计算机基础[M]. 4 版. 北京：清华大学出版社，2023.

[2]　王移芝，桂小林，王万良，等. 大学计算机[M]. 7 版. 北京：高等教育出版社，2022.

图书资源支持

感谢您一直以来对清华版图书的支持和爱护。为了配合本书的使用，本书提供配套的资源，有需求的读者请扫描下方的"书圈"微信公众号二维码，在图书专区下载，也可以拨打电话或发送电子邮件咨询。

如果您在使用本书的过程中遇到了什么问题，或者有相关图书出版计划，也请您发邮件告诉我们，以便我们更好地为您服务。

我们的联系方式：

清华大学出版社计算机与信息分社网站：https://www.shuimushuhui.com/

地　　址：北京市海淀区双清路学研大厦 A 座 714

邮　　编：100084

电　　话：010-83470236　010-83470237

客服邮箱：2301891038@qq.com

QQ：2301891038（请写明您的单位和姓名）

资源下载：关注公众号"书圈"下载配套资源。

资源下载、样书申请

书圈

图书案例

清华计算机学堂

观看课程直播